O

iFORCE 原力 满足世界的好奇心

Einstein's Shadow
黑洞之影

Seth Fletcher
[美] 赛斯·弗莱彻 著

赵雪杉 冯叶 苟利军 译

CBS K 湖南科学技术出版社

·长沙·

EINSTEIN'S SHADOW

A BLACK HOLE, A BAND OF ASTRONOMERS, AND THE QUEST TO SEE THE UNSEEABLE

SETH FLETCHER

关于扉页图片的说明

天文学家们在积极地讨论银河系旋臂的精确结构和位置、星系棒中恒星和气体的密度，以及银河系中心的组成。作为扉页使用的星系图片反映了出版时可用的最准确的信息。它是根据天文学家罗伯特·赫特（Robert Hurt）用斯皮策太空望远镜的红外数据在2008年制作的一幅图，并根据最新的研究进行了调整。非写实的散斑图案准确地描绘了我们对星系旋臂结构的最好理解。银河系中心附近的点群描绘了在那里发现的超乎寻常高的恒星密度。在距太阳10光年的范围内，有16颗恒星。然而在银河系中心黑洞人马座A*的10光年内，大约有100万颗恒星。这些恒星中的百分之一 ——1万个点——出现在这张图片上的银河系中心中。

天知道今天看来是胡言乱语的东西明天会不会被证明是真理呢？

——阿尔弗雷德·诺斯·怀特海（ALFRED NORTH WHITEHEAD）

推荐序

　　2019年4月10日，这一天在人类认识宇宙的历史上注定会是极不寻常的一天。那个晚上，北京时间21时07分，我和同事们在上海天文台，与来自中国台北、日本东京、美国华盛顿、智利圣地亚哥和比利时布鲁塞尔的天文学家一道发布了人类拍摄到的第一张黑洞照片。

　　这是我们人类第一次"看见"黑洞。

一

　　黑洞，宇宙中最神秘的存在，具有最极端的物理环境，可以说是天文学研究的宠儿，这一点从近年来颁发的诺贝尔物理学奖就可窥见一斑。2015年，激光干涉引力波天文台(LIGO)探测到黑洞并合产生的引力波，领导这项研究的雷纳·韦斯(Rainer Weiss)、巴里·巴里什(Barry Barish)和基普·索恩(Kip Thorne)荣获2017年诺贝尔物理学奖。2020年，诺贝尔物理学奖再次青睐黑洞研究，将奖项颁发给罗杰·彭罗斯（Roger Penrose）、赖因哈德·根策尔（Reinhard Genzel）和安德里亚·格兹（Andrea Ghez），以表彰他们对黑洞理论和观测研究做出的杰出贡献。

数十年来，大量观测证据均支持黑洞的真实存在。然而由于黑洞自身不发光，难以直接探测，因此天文学家始终只能停留在对黑洞形象的理论猜测，直到20世纪90年代后期也鲜有人研究一个真实黑洞的外观模型。在第一张黑洞照片发布之前，公众最熟悉的"可见"黑洞也许是来自科幻电影《星际穿越》，导演克里斯托弗·诺兰（Christopher Nolan）与索恩合作创造的超大质量黑洞"卡冈图雅"的形象震撼了全球亿万观众。

然而，"卡冈图雅"毕竟只是一个艺术设定，黑洞的真实面貌究竟如何仍是一个科学谜团。通过探测黑洞，天文学家不仅能够检验广义相对论，深入了解黑洞的性质，还能从中探索宇宙和星系演化的奥秘。尽管面临着重重困难，世纪之交之时，一些天文学家开始跃跃欲试，希望能一窥黑洞的庐山真面目。

二

2019年在世界六地同时发布第一张黑洞照片的天文学家有一个共同的身份，他们都来自事件视界望远镜（Event Horizon Telescope, EHT）合作组织，而这张照片正是由事件视界望远镜拍摄的。这里的"事件视界"来自黑洞物理学，指的是物质和光都无法逃脱的黑洞"边界"。事件视界望远镜实际上并非指某台特定的望远镜或望远镜阵列,而是指世界多地的射电望远镜联合观测所能形成的一个口径等效于地球直径的虚拟望远镜。

从提出拍摄黑洞照片之初,天文学家就瞄准两个目标——M87*和Sgr A*。这两个黑洞各具特点:超大质量黑洞M87*位于距离地球5500万光年的室女座椭圆星系M87中,质量大约相当于太阳质量的65亿倍;超大质量黑洞Sgr A*则位于银河系中心,质量约为太阳质量的400万倍,比前者小得多,同时也近得多,距离地球约为2.7万光年。

发起事件视界望远镜的天文学家们在2007年开始了观测尝试,此后陆续开展了一系列观测。2012年,参与事件视界望远镜观测的研究人员举行第一次会议,这以后经过多年的不懈努力,终于在2017年4月,观测网络中的射电望远镜的数量和分布、观测排期以及各望远镜所在地区的天气条件都满足要求,具备了拍摄黑洞的条件,合作组织决定启动观测。

正是这一次观测,让我们获得了两个目标黑洞的照片,人类终于窥见黑洞的真容。1919年,阿瑟·爱丁顿(Arthur Eddington)领导的日全食观测拉开了验证广义相对论的序幕,一个世纪后的首张黑洞照片再次对广义相对论进行了检验。

2019年发布的首张黑洞照片的主角是M87*。三年后,2022年5月12日21时,事件视界望远镜合作组织又在中国上海和台北、日本东京、美国华盛顿、智利圣地亚哥、墨西哥墨西哥城和德国加兴同时发布了另一主角、位于银河系中心的Sgr A*的首张照片。根策尔和格兹获得诺贝尔物理学奖的理由是"发现了银河系中心的超大质量致密天体",这里的"致密天体"指的就是这个黑洞。

三

正如大型强子对撞机寻找希格斯玻色子、激光干涉引力波天文台探测引力波等伟大的科学探索一样,这一次的黑洞拍摄之旅也同样饱含挑战与奇迹。作为一名亲历者,我尤其知道拍摄黑洞照片背后的故事有多么精彩,多么值得被传颂。

因此,我由衷感谢资深科学作家塞斯·弗莱彻(Seth Fletcher),他的作品《黑洞之影》生动地呈现了一群天文学家拍摄第一张黑洞照片背后的精彩故事。他从2012年起开始跟踪该计划并持续了近6年,期间他做了大量的采访,收集到丰富的一手资料,讲述了很多我也不曾了解的细节,读来充满惊喜。

弗莱彻在书中简要回顾了人类认识黑洞的历史,穿插交代了有关黑洞的基本知识,这些内容可以帮助不熟悉相关背景的读者更好进入主题。读者即便对黑洞物理学不甚明了,也能从他笔下的人物对话和心理活动中感受到天文学家的喜悦和苦恼,并从项目实施的层层推进中观察现代大科学计划的运作方式。

让我尤感亲切的是,我和书中提及的很多天文学家是相识多年的好友,如谢珀德·多尔曼(Sheperd S. Doeleman)和海诺·法尔克(Heino Falcke),等等,吉姆·莫兰(James Moran)更是我在哈佛-史密森天体物理中心求学时的导师和终身的科研益友。阅读中,诸多往事浮上心头,我也得以重温那些难忘的岁月。

很高兴看到弗莱彻在书中提到我和合作者在2005年发表在《自然》上的一项研究成果,当时我们利用甚长基线干涉测量技术(也就是事件视界望远镜拍摄黑洞照片使用的技术)发现了Sgr A*是超大质量黑洞的最新证据。事实上,我和合作者早在25年前就投身于Sgr A*的观测研究,这为我们参与事件视界望远镜合作打下了基础。

四

弗莱彻在《黑洞之影》的后记中提到,2017年4月的拍摄完成后,合作组织的科学家们开始进行数据分析,并在本书英文版出版的2018年时又完成新的拍摄,也对后续工作有所展望。在此,请允许我补充本书英文版出版后,在两张黑洞照片发布之外的一些事件视界望远镜观测进展。

因为各种原因合作组织在2019年和2020年没有安排观测,在2021年重新开始了观测。2022年,事件视界望远镜顺利完成了新一轮观测,与2017年的观测相比,这次观测参与的望远镜更多,数据记录带宽也更宽,从而提升了阵列的观测灵敏度,辅之以不断改进中的数据处理技术,我们非常期待获得更为丰富详实的黑洞信息。

第一张黑洞照片的发布是来自数十个研究机构的数百位科学家共同努力的结晶，其中中国科学家也做出了重要的贡献。有16位中国大陆科研人员参与了第一张黑洞照片的合作研究，其中有10位科学家在2019年来到了上海发布会的现场。

未来，随着更多亚毫米波望远镜的加入，事件视界望远镜将有望对Sgr A*开展24小时不间断的接力成像观测。我们中国科学家已经提出建设亚毫米波射电望远镜的计划，希望以此加入到全球的接力观测中，对破解银河系中心黑洞之谜做出更大的贡献。

最后，感谢湖南科学技术出版社将《黑洞之影》及时引进到国内，感谢苟利军研究员、赵雪杉博士和冯叶博士，他们辛勤工作，精心将这本精彩之作译成中文，让更多国内读者了解黑洞之影背后鲜为人知的故事，从而在心中增添对科学的热情和对宇宙的敬畏。

愿这本书能给您更多的思考和启迪，并激发您对科学和未知世界的好奇心。

沈志强

中国科学院上海天文台台长、研究员

事件视界望远镜合作组织中国大陆协调人

作者序

我们住在距离银河系中心2.6万光年的地方。按照宇宙学的标准，这是一个很小的数字，但仍然很远。现在到达地球的来自银河系中心的光线，当它开始出发时，人们正在一边穿越白令陆桥（Bering land bridge），一边沿途捕猎猛犸象。

距离并没有阻止我们绘制出一张相当准确的银河系中心星图。我们知道，如果你以光速从地球出发向银河系深处旅行大约两万年，你会遇到银河系核球区域，这是一个花生形状的结构，里面遍布着恒星，其中一些几乎和宇宙一样古老。再往里走几千光年，还有人马座B2，这是一片面积为我们太阳系1000倍的云层，其中含有硅、氨、一点氰化氢、少量的甲酸乙酯（尝起来像树莓），以及至少100亿升的酒精。继续向内走大约390光年，你就会到达内秒差距（inner parsec）区域，也就是距离银河系中心约3光年的比扎罗（bizarro）区。被称为宇宙丝的冰冻闪电划过天空。不同的气泡是对远古恒星爆炸的纪念。炽热的气体流沿着弧形朝向核心运动，引力使它们变成了激流的泡沫海洋。让我们的太阳看起来像玻璃球般的巨大蓝色恒星以时速数百万千米的速度被弹射出去。太空变成了辐射的浴缸，原子溶解成亚原子粒子的迷雾。在核心附近，由亚原子组成的迷雾形成了一个巨大的发光盘状物，环绕着一个巨大的黑暗球体运动。这是位于银河系中心的超大质量黑洞，是我们这个缓慢旋转的星系的静止点。我们称其为人马座A*。

银河系内的每个天体都围绕着银河系中心天体，也就是黑洞运行，黑洞的直径与水星绕转太阳的轨道一样宽。我们的太阳大约每两亿年完成一圈。每个星系的核心可能都有一个巨大的黑洞。星系和它们的中心黑洞似乎是一起进化的。它们会经历不同的阶段。有时黑洞花费数十亿年的时间，以尽可能快的速度吸积周围的物质，在一场持久的灾难中将物质转化为能量，每时每刻都相当于数十亿枚热核武器同时爆炸。在这些"活跃"阶段，黑洞在宇宙中喷射出由物质和能量组成的喷流，像大河割裂大陆形成三角洲一样，让宇宙显得更为美丽。黑洞将根据它的"情绪"决定它们的宿主星系何时可以生长出新的恒星：当它们肆虐，吹起冲击波和咆哮的宇宙风时，新生的恒星就无法生长。当黑洞稳定下来处于宁静状态时，下一代的恒星就会形成。

没有人能确定黑洞本身是如何形成的。天文学家们在可见宇宙的边缘发现了黑洞，这些黑洞的质量相当于数十亿个太阳。这些黑洞一定是在宇宙诞生后还不到十亿年的时候就达到了这个大小。然而，根据对黑洞如何增长的传统理解，它们不可能在如此短的时间内就变得如此巨大，因为没有足够的时间让其快速增长。但是，它们就已经在那里了。

自从物理学家约翰·惠勒（John Wheeler）普及"黑洞"一词以来已有50余年，这种天体给予了人们很多思考。它们很奇怪，足以激励沉默寡言的科学家们认真思考一些奇怪的问题。我们是生活在黑洞里面吗？大爆炸是在另一个宇宙中形成的黑洞的另一面吗？每个黑洞都包含一个婴儿宇宙吗？我们能利用黑洞进行时间旅行吗？黑洞附近是寻找外星生命的好地方吗？

科学家们会发现自然界最基本的规律——万物理论吗？黑洞可能是解决这个问题的关键。20世纪产生了两种极为成功的关于自然的理论：广义相对论和量子理论。广义相对论说，世界是连续的，且均匀演化的，并且从根本上来说是局域性的：引力等影响并不能瞬间传播。量子理论说，世界是不连续的、充满概率的、非局域性的——粒子随机产生和消失，似乎能够在很远的距离上立即且微妙地相互影响对方。如果你是一个想要挖掘最深层实在的科学家，显而易见的问题是：到底选用哪一个理论？

广义相对论在最大尺度上描述了宇宙。量子力学支配着亚原子世界。这两种理论在黑洞研究中冲撞得最为厉害。例如，我们说人马座A*是一个400万倍太阳质量的黑洞，这暗示着这个黑洞"包含"了价值400万太阳的物质。但爱因斯坦的方程式告诉我们，黑洞的内部是真空的，所有掉入黑洞的物质都被容纳在黑洞中心的一个叫作奇点的无限致密的区域里。为了理解奇点——进而也就是所谓的大爆炸——发生了什么，科学家们需要一个量子引力理论：一个将广义相对论和量子力学结合起来的理论框架。

如果科学家们能够找到松散的线索，那么将这两种理论结合在一起，事情将会容易得多。问题是，量子力学和广义相对论都通过了它们曾经经历过的所有实验测试。但是广义相对论从未在黑洞附近被检验过[①]，因为在那里，引力会展现出它真正的力量。这也是科学家们长期以来想要近距离观察黑洞的众多原因之一。

事实上，有趣的是，不管科学家们对黑洞的讨论是多么自信，但是从来没有人见过黑洞。他们花了几十年的时间建立数学模型，观察他们认为只能是黑洞的无形质量的间接影响——但从未有人做过直接的观测。如果你可以近距离研究一个黑洞，你就可以测试几十年来堆积如山的预测。以人马座A*为例，人马座A*体形巨大，以宇宙标准来看，它就在附近，因此是近距离研究的最佳候选天体。仔细观测人马座A*可以回答一长串棘手的问题。这里有一个例子：广义相对论预测，人马座A*会投射出一个形状非常特殊的影子。如果天文学家们得到了那个阴影的照片，而它看起来并不像他们预期的那样，那么他们就在更深入地理解自然的过程中发现了一条重要线索。这将有力地证明爱因斯坦的方程式只是一些更深层次的物理定律的近似值——它将为更深层次的定律提供线索。如果科学家们能够理解自然最根本的一面，就像已故的史蒂芬·霍金曾经写过的那样，那将是"人类理性的终极

[①] 需要注意的是，引力波就是对黑洞的一次检验。（全书脚注均为译者注。）

胜利——因为那时我们应该能够了解上帝的思想"。

这是一本关于一群天文学家们拍摄第一张黑洞照片的书。他们称自己努力的项目为"事件视界望远镜"(Event Horizon Telescope,简称为EHT)。他们的目标是人马座A*。

这本书报道了我从2012年2月开始,对于该项目近6年的深入了解。我跟随天文学家们到望远镜站点进行测试和观测,参加他们的正式会议,旁听他们的讨论,在他们的办公室闲逛,和他们住在一起,当面或者通过电话、电子邮件、Skype、Zoom以及短信进行了多得无法统计的采访。除了极少数例外,我是唯一在场的记者。

事件视界望远镜的科学家们为了能够看到人马座A*边缘,准备组建一个全球射电望远镜网络——事件视界望远镜。当我准备开始追随事件视界望远镜组织里的科学家们的时候,我相信我会找到一个好故事。科学令人着迷,人很有趣,风景——夏威夷和墨西哥等地的山顶天文台——也非常棒。但直到有一天晚上,我坐在酒店酒吧里与一位聪明的天文学家交谈时,这一切才真正地结合在了一起。我们当时参加了一个为期一周的会议,几位EHT的科学家整个晚上都在酒吧的一张高桌旁走来走去,叹息并且很生气地抱怨着他们试图完成的组织架构图。当其他人都已经回到了自己的房间时,这位天文学家向我解释到底发生了什么。"你知道他们在吵什么,对吧?"他说,"他们在为谁的名字该出现在诺贝尔奖上而争吵。"

事件视界望远镜的观测站点

— 2017年4月的观测
  中使用的基线
•••• 其他的事件视界望
  远镜基线

SMA
亚毫米阵列
8个天线组成的干涉阵列
莫纳克亚，夏威夷
海拔13300英尺（约4054米）

JCMT
詹姆斯·克拉克·麦克斯韦尔望远镜
单碟形望远镜
莫纳克亚，夏威夷
海拔13400英尺（约4084米）

CARMA
用于毫米波天文学研究的组合阵列
23个天线组成的干涉阵列
雪松平地（Cedar Flat），加利福尼亚
海拔7300英尺（约2225米）

SMT
亚毫米望远镜
单碟形望远镜
格雷厄姆山，亚利桑那
海拔10500英尺（约3200米）

LMT
大型毫米望远镜
单碟形望远镜
谢拉·内格拉火山，墨西哥
海拔15100英尺（约4602米）

APEX
阿塔卡马探路者实验装置
单碟形望远镜
阿塔卡马沙漠，智利
海拔16700英尺（约5090米）

ALMA
阿塔卡马大型毫米阵列
66个天线组成的干涉阵列
阿塔卡马沙漠，智利
海拔16400英尺（约4999米）

SPT
南极点望远镜
单碟形望远镜
南极科考站，南极洲
海拔9300英尺（约2835米）

PDBI
比尔高原干涉仪
6个天线组成的干涉阵列
阿尔卑斯山，法国
海拔8400英尺（约2560米）

IRAM 30M
30米望远镜
单碟形望远镜
韦莱塔峰，西班牙
海拔9400英尺（约2865米）

目 录

首字母缩略词和缩写词

望远镜及相关术语

VLBI：甚长基线干涉测量(Very Long Baseline Interferometry)，这是一种天文学家用两个或多个地理上遥远的射电望远镜同时观测，然后使用超级计算机合并数据的方法，它可以模拟单个巨型望远镜，从而达到极高的分辨率。

EHT：事件视界望远镜(Event Horizon Telescope，简称EHT)是由几个不同大陆上的射电望远镜组成的VLBI阵列，创建该阵列是为了研究银河系中心的黑洞和其他目标，并对其进行成像。

经过多年努力，EHT项目包括了以下望远镜：

SMA：亚毫米阵列(Submillimeter Array，简称SMA)，由8个6米口径的射电天线组成，位于夏威夷的莫纳克亚山顶。

SMT：亚毫米望远镜(Submillimeter Telescope，简称SMT)是事件视界望远镜阵列的一部分，位于亚利桑那州的格雷厄姆山(Mount Graham)。(有时称为亚毫米望远镜天文台，简称SMTO。)

CARMA：用于毫米波天文学研究的组合阵列(Combined Array for Research in Millimeter-Wave Astronomy, 简称CARMA)，位于加利福尼亚州的因约(Inyo)山脉中，由23个天线组成的干涉仪。于2015年停止工作。

ALMA：阿塔卡马大型毫米/亚毫米阵列，位于智利北部阿塔卡马沙漠的查南托高原(Chajnantor Plateau)上，是一个由66个可移动天线组成的天文台。

APEX：阿塔卡马探路者实验装置（Atacama Pathfinder Experiment），智利北部的一架高海拔望远镜。

LMT：大型毫米波望远镜(Large Millimeter Telescope)，位于墨西哥普埃布拉州内格拉山山顶的50米单碟形望远镜。

SPT：南极点望远镜(South Pole Telescope)。

JCMT：詹姆斯·克拉克·麦克斯韦尔望远镜（James Clerk Maxwell Telescope），夏威夷莫纳克亚山顶上的一个碟形望远镜。

CSO：加州理工学院亚毫米天文台（Caltech Submillimeter Observatory），以前位于夏威夷的莫纳克亚山顶。2015年停止运行。

IRAM 30M：位于西班牙韦莱塔峰(Pico Veleta)的一个30米的碟形望远镜，由毫米波射电天文所(Institut de Radioastronomie Millimétrique，简称IRAM)运营。

PDBI：比尔高原干涉仪（Platform de Bure Interferometer），

一套安装在法国阿尔卑斯山海拔2560米处的口径15米的望远镜。

VLBA：甚长基线阵列（Very Long Baseline Array），由夏威夷、加利福尼亚州、华盛顿州、亚利桑那州、新墨西哥州（两个）、得克萨斯州、爱荷华州、新罕布什尔州和美属维尔京群岛的10个射电望远镜组成的永久网络。

LOFAR：低频阵列（Low-Frequency Array,），位于荷兰的约两万个小型射电天线的集合，设计用来收集来自宇宙黑暗时代的辐射。

FPGA：现场可编程门阵列（Field-Programmable Gate Array），用户可以通过编写新代码重新配置的集成电路。

LIGO：激光干涉仪引力波天文台（Laser Interferometer Gravitational-Wave Observatory），在2015年探测到引力波，证实了爱因斯坦广义相对论的一个重大预测。

CLEAN：利用射电望远镜收集的数据生成图像的一套算法。

CHIRP：连续高分辨率图像重建（Continuous High-Resolution Image Reconstruction）算法，它基于块先验(Patch prior)的假设，由凯蒂·布曼(Katie Bouman)开发。

UT：世界时（Universal Time），用于协调天文观测的时间标准。

世界时是以地球相对于恒星的平均自转速度为基础的，随着时间的推移，地球的自转速度会变慢。

出于实际目的，UT时间与格林尼治标准时间相同。

天 体

Sgr A*：人马座 A*（Sagittarius A*），位于银河系中心一个(疑似)400万太阳质量的超大质量黑洞。

M87*：主宰室女星系团的椭圆形星系。术语 M87* 经常是指被认为居住在该星系中心的35亿倍太阳质量的超大质量黑洞。也称作室女座 A。

3C 279：EHT 在观测过程中经常用来作为校准源的一个类星体。

3C 273：第一个被发现的类星体。

G2：一个天体，被认为是一个巨大的气体云，天文学家们预测它将被银河系中心的黑洞撕裂。

机 构

SAO：史密森天体物理天文台（Smithsonian Astrophysical Observatory），它是管理亚毫米阵列(SMA)的研究机构。

CfA：哈佛-史密森天体物理中心（Harvard-Smithsonian Center for Astrophysics），史密森天体物理天文台所在地。

NSF：国家科学基金会（National Science Foundation），这是一个支持医学以外的科学研究的美国政府机构。

ASIAA：中央研究院天文与天体物理研究所，总部设在中国台湾的研究机构。

管理莫纳克亚岛上的詹姆斯·克拉克·麦克斯韦望远镜。[1]

MSIP：中等规模创新计划（Mid-Scale Innovations Program），一个由美国国家科学基金会运营的天文研究资助计划。

---

[1] 此望远镜现在已经由东亚天文台管理。

出场人物表

（按照出现的顺序）

在海斯塔克天文台

谢珀德·S.多尔曼(Sheperd S. Doeleman)，更广为人知的名字是谢普(Shep)，开始是海斯塔克天文台的研究生，后来是事件视界望远镜的主任

艾伦·罗杰斯(Alan Rogers)，海斯塔克天文台研究科学家，射电天文学先驱，谢普的论文导师

詹姆斯(吉姆)·莫兰[James (Jim) Moran]，哈佛大学教授，射电天文学先驱

迈克·蒂图斯（Mike Titus），海斯塔克天文台射电相关器工程师

人马座A*的早期观测者列表

唐纳德·林登-贝尔(Donald Lynden-Bell)，一位英国天体物理

学家，他在20世纪60年代末提出理论说，大多数（如果不是全部）旋涡星系的中心都有超大质量的黑洞

罗恩·埃克斯（Ron Ekers），澳大利亚射电天文学家，他与林登-贝尔一起进行了对银河系中心黑洞的早期搜索

布鲁斯·巴利克（Bruce Balick）和鲍勃·布朗（Bob Brown），美国射电天文学家，他们于1974年首次探测到后来被称为人马座A*的天体

2000年黑洞阴影论文的作者列表

海诺·法尔克（Heino Falcke），德国天体物理学家，当时在波恩的马克斯·普朗克射电天文研究所（Max Planck Institute For Radio Astronomy）

弗尔维奥·梅利亚（Fulvio Melia），亚利桑那大学天体物理学家

埃里克·阿戈尔（Eric Agol），当时在约翰霍普金斯大学（Johns Hopkins University）的天体物理学家

早期事件视界望远镜的合作者们

乔纳森·温特鲁布（Jonathan Weintroub），南非电气工程师，后来成为哈佛-史密森天体物理中心的天文学家

艾弗里·布罗德里克（Avery Broderick），美国天体物理学家，在哈佛大学进行了人马座A*的早期计算机模拟

阿维·勒布（Avi Loeb），哈佛大学教授、CfA天体物理学家

在莫纳克亚（2012年）

鲁里克·普里米亚尼（Rurik Primiani），亚毫米阵列工程师，自2008年以来一直与事件视界望远镜合作

乔纳森·温特鲁布

黑洞相机（BLACK HOLE CAM）

海诺·法尔克

卢西亚诺·雷佐拉（Luciano Rezzolla），意大利天体物理学家，专门研究引力波

迈克尔·克莱默（Michael Kramer），马克斯·普朗克射电天文学研究所的脉冲星专家

事件视界望远镜博士后研究人员和研究生

劳拉·韦尔塔尔施奇（Laura Vertalschitsch），高级电气工程师、雷达和现场可编程门阵列专家

迈克尔·约翰逊（Michael Johnson），从加州大学圣巴巴拉分校（University of California, Santa Barbara）加入EHT团队的天体物理学家

凯蒂·布曼（Katie Bouman），麻省理工学院计算机视觉专家，开发了Chirp算法

林迪·布莱克本（Lindy Blackburn），一位从LIGO团队加入EHT团队的天体物理学家

安德鲁·查尔（Andrew Chael），哈佛大学天文学系研究生

与ALMA的相干项目（ALMA PHASING PROJECT，简称APP）

迈克·赫克特（Mike Hecht），海斯塔克天文台台长助理

杰夫·克鲁（Geoff Crew），海斯塔克天文台研究科学家

林恩·马修斯（Lynn Matthews），海斯塔克天文台研究科学家

文森特·菲什（Vincent Fish），海斯塔克天文台研究科学家

谢普·多尔曼，ALMA相干项目的首席研究员

在大毫米波望远镜（LARGE MILLIMETER TELESCOPE，2014年）

乔纳森·莱昂-塔瓦雷斯（Jonathan León-Tavares），墨西哥天体物理学家

阿拉克·奥尔莫斯·塔皮亚（Arak Olmos Tapia），LMT站点负责人

杰森·索霍（Jason SooHoo），海斯塔克天文台IT经理

帕特里克·奥文斯(Patrick Owings)，来自 MicroSemi 公司的氢微波激射器技术员

吉塞拉·奥尔蒂斯（Gisela Ortiz），墨西哥国立自治大学研究生

谢普·多尔曼

研究量子黑洞的理论物理学家

史蒂夫·吉丁斯（Steve Giddings），加州大学圣巴巴拉分校的理论物理学家，他提出黑洞视界面处的量子涨落可能对 EHT 是可见的

约瑟夫·波尔钦斯基（Joseph Polchinski），加州大学圣巴巴拉分校已故物理学家，领导了黑洞火墙问题研究小组

史蒂芬·霍金（Stephen Hawking），剑桥大学已故物理学家，1974 年发现黑洞应该会破坏信息，提出了众所周知的黑洞信息悖论

在加拿大安大略省滑铁卢举行的 EHT 2014 年的会议上

雷莫·提拉努斯（Remo Tilanus），JCMT 望远镜的欧洲项目经理

戈帕尔·纳拉亚南（Gopal Narayanan），马萨诸塞大学阿默斯特分校（University Of Massachusetts Amherst）的天文学家，为 LMT

建造了一个接收器

丹·马龙(Dan Marrone)，亚利桑那大学天体物理学家，从事SPT望远镜工作

科林·隆斯代尔(Colin Lonsdale)，海斯塔克天文台台长

杰夫·鲍尔(Geoff Bower)

劳拉·维尔塔尔施奇

海诺·法尔克

艾弗里·布罗德里克

谢普·多尔曼

乔纳森·温特鲁布

杰夫·克鲁

迈克·赫克特

在南极点望远镜

丹·马龙

金俊汉(Junhan Kim)，亚利桑那大学研究生

在大型毫米波望远镜（2015年）

大卫·桑切斯(David Sánchez)，LMT操作员

亚历克斯·波普斯特凡尼亚(Aleks Popstefanija)，戈帕尔·纳

拉亚南（Gopal Narayanan）的学生

皮特·施洛布（Pete Schloerb），马萨诸塞大学阿默斯特分校（University Of Massachusetts Amherst）天文学家、LMT 美国方首席研究员

大卫·休斯（David Hughes），LMT 主任

劳拉·维尔塔尔施奇

林迪·布莱克本（Lindy Blackburn）

戈帕尔·纳拉亚南

乔纳森·莱昂-塔瓦雷斯

谢普·多尔曼

吉塞拉·奥尔蒂斯

黑洞研究计划（THE BLACK HOLE INITIATIVE）

阿维·勒布，首席执行官

谢普·多尔曼，高级研究员

拉梅什·纳拉扬（Ramesh Narayan），高级研究员、天体物理学家、哈佛大学教授

安迪·斯特罗明格（Andy Strominger），高级研究员、理论物理学家、哈佛大学教授

彼得·加里森（Peter Galison），高级研究员、哲学家、科学历史学家和哈佛大学教授

丘成桐（Shing-Tung Yau），高级研究员、数学家、哈佛大学教授

在2017年事件视界望远镜观测期间

在剑桥

费亚尔·奥泽尔（Feryal Ozel），研究中子星和黑洞的亚利桑那大学教授

迪米特里奥斯·普萨尔蒂斯（Dimitrios Psaltis），EHT的项目科学家

迈克尔·约翰逊

谢普·多尔曼

吉姆·莫兰（Jim Moran）

文森特·菲什

杰森·索霍

在亚毫米波望远镜

丹·马龙

在30米IRAM望远镜

托马斯·克里奇鲍姆（Thomas Krichbaum）

海诺·法尔克

在大型毫米波望远镜

林迪·布莱克本

大卫·桑切斯

戈帕尔·纳拉亚南

亚历克斯·波普斯特凡尼亚

卡迈勒·索卡尔(Kamal Souccar)，LMT 的设施经理

在阿塔卡马大型毫米阵列

杰夫·克鲁

在莫纳克亚(Mauna Kea)

在亚毫米阵列

乔纳森·温特鲁布

在詹姆斯·克拉克·麦克斯韦望远镜

雷莫·提拉努斯

黑洞之影

第一部分

面纱与阴影

第一章

华盛顿，戈尔登代尔

1979年2月26日

在谢普·多尔曼40多岁，他的实验开始引起媒体的关注时，他为记者准备了一篇提前写好的传记，题为《我从来不是那种玩望远镜的孩子》(*I was never the type of kid who played with telescopes*)。但是，他确实与宇宙有一些早期的接触。第一次接触发生在1979年2月一个寒冷的早晨。[1]

15000人聚集在华盛顿南部金山中的一座高丘上，观看2017年之前美国48州上出现的最后一次日全食。谢普的家人前一天乘坐奇努克房车来到这里。天文学联盟宣布，戈尔登代尔天文台所在的这座山是北美官方日食观测总部。观众们戴上焊接护目镜、纸板面罩和制作成原始太阳镜的聚酯薄膜条。母亲将装在防护纸袋中的婴儿扛在肩膀上。来自俄勒冈大学的一群学生带领人群高呼："E-C-L-I-P-S-E。它怎么拼写的？日食(ECLIPSE)！"

美国国家电视网的记者严肃地望着镜头，对纽约报道：现在距离日食开始只剩几分钟了，我担心天气并不配合。

唉。天空像一条铅毯一样。

领头的人号召观众把乌云吹走。人群一起呼呼地吹起了气。

在上午7：15前后，月亮开始逐渐追上了太阳。太阳穿透了稀薄的云层，但紧接着云层重新聚集，阻挡了奇观。谢普紧紧凝视着那片令人扫兴的天空，用起了雾的聚酯薄膜片框住了他的目标。

通过云层封锁观看到的日偏食并不能完全激起人们的敬畏之心。但是在月亮完全遮蔽太阳的几秒钟之前，陡降的温度驱散了云层。

月亮为整个地球拉上了一层黑色的篷布，好似夜晚已经到来。天空上出现了一个黄色的圆环。观众摘下他们的焊接护目镜、纸板面罩和聚酯薄膜片，观赏着日珥弯曲着划过太阳大气层表面。日光从月球的山谷和峡谷中掠过，在阴影的边缘上形成光珠。

人们尖叫欢呼，还有一些人点燃罗马蜡烛。但是在最初的喧闹之后，大多数人选择默默地凝望这一幕。

谢普从理智上知道日食会发生什么。他的中学正念到了一半，比计划中提前了三年。他懂力学。然而，他仍然没有准备好面临这次事件，那犹如揭开第六印①一般可怕的场面。这场景深

---

① 《圣经·新约·启示录》中描述，揭开第六印后，出现了日月无光、星辰坠落等景象。

深地镌刻在他的脑海里。

那些问成年的谢普·多尔曼小时候是否玩过望远镜的人们，其实是在试图询问一个不同的问题：什么样的人会把建造地球大小的望远镜拍摄黑洞的照片作为自己毕生的事业？ 这次日食不是原因，但它是一个促成因素。如果没有其他机会，这应该是他与气象之神的第一次接触，那些变幻无常的气象神灵掌管着天空出入权。神灵一直在优待谢普。几十年后，他希望能继续承蒙神灵的眷顾。

第二章

在另一个时代的另一次日食期间，一位名为亚瑟·斯坦利·爱丁顿（Arthur Stanley Eddington）的天文学家在日食发生的最后一分钟从天气之神那里得到了自己的生机。这改变了历史。

那是1919年5月29日，爱丁顿率领英国皇家天文台前往西非海岸的普林西比岛。在格林尼治标准时间下午2时13分，月亮将会遮蔽太阳，创造绝佳的观测机会。在黑暗中，非常靠近太阳边缘的恒星（这些恒星通常会被太阳的光辉掩盖）将变得可见。世界各地的科学家们都对这些恒星抱有浓厚的兴趣。它们提供了到当时为止，检验德国物理学家爱因斯坦的新理论（相对论）的最佳时机。

爱丁顿之所以能得到这份工作，不仅因为他是一位受人尊敬的年轻科学家，也因为他遇到了一点麻烦。[1] 他是贵格会教徒及和平主义者。在英国与爱因斯坦祖国的战争中，出于道义原因他拒绝服兵役。但在战争的最后几年，他的和平主义运动进展得并不顺利。当他的老板，皇家天文学家弗兰克·沃森·戴森（Frank Watson Dyson）爵士提出一个计划时，他正要被派往位于北爱尔兰的马铃薯去皮营地。

1917年3月，皇家天文台的天文学家们意识到，两年后发生的日食非常适合检测爱因斯坦关于空间、时间和引力的新想法。在这次日食期间，太阳将被数目异常庞大的属于毕星团（Hyades cluster）的明亮恒星包围。爱因斯坦的理论预测，太阳的引力会弯曲那些来自最靠近太阳边缘的恒星的光线，弯曲后的强度将会是艾萨克·牛顿（Isaac Newton）的引力理论预期的两倍。他们只需要天文学家们来到日食发生的地方，为这些恒星拍照，然后找出哪种理论是正确的。 他们决定派两支队伍。 安德鲁·克罗梅林（Andrew Crommelin）和查尔斯·戴维森（Charles Davidson）将带领远征队前往巴西北部的城市索布拉尔。 爱丁顿和一个名叫埃德温·科廷汉姆（Edwin Cottingham）的钟表匠将前往普林西比。

这次任务具备大型天文实验的所有特征：[2] 以首字母缩略词（JPEC）简称的承担准备工作的委员会（联合常设日食委员会，Joint Permanent Eclipse Committee）；经费申请（仪器经费100英镑，差旅费1000英镑）；设备的建造和借用；多方面的不确定性（当他们筹备实验时，正是第一次世界大战肆虐之时，在1918年11月11日战斗停止后的紧要关头，他们仓促地开始了实验）。

这是一段很长的旅程（在爱丁顿的路线中，他们走海路从利物浦出发，途径马德拉，最终抵达普林西比），而且长期远离家乡，在外逗留。爱丁顿在马德拉群岛停留了一个月的时间，他在桉树和木兰之间散步，玩轮盘赌，和一条叫尼珀（Nipper）的狗闲逛。[3]他们与海关代理打交道，并寻求政府官员的支持。他们摸索着学习外语，试图了解当地人的习俗。进行了许多奇异而出人意料的冒险，例如，他们选择在洛卡·桑迪（Roça Sundy）种植园进行观测，种植园主带着爱丁顿（一位戴着夹鼻眼镜的剑桥大学教师）去狩猎猴子。有好几天都在安装和测试设备中度过。最后的结果完全取决于天气。

爱丁顿在他关于远征队的官方报告中写道，[4]5月10日至28日，普林西比没有降雨。自然，在发生日食的早晨，下起了倾盆大雨。

* * *

历史学家这样评述1919年的这次日食远征：[5]英国天文学家环游世界，为了检验一个德国的理论，这既是战后和解的姿态，也是对于艾萨克·牛顿（英国备受尊崇的世俗之神）受到来自国外的质疑进行的民族主义回应。但是你不得不怀疑，大多数参与其中的人只是想知道爱因斯坦是否正确。如果他是正确的，那就意味着人们才刚刚开始理解这个离奇而陌生的宇宙。

相对性原理与相对论理论相反，前者是古老且无可争辩的。伯特兰·罗素（Bertrand Russell）像之前的任何人一样清楚地阐释了它的内涵。他在《相对论入门》中写道[6]："如果你知道一个人的财富是另一个人的两倍，那么无论你以英镑、美元、法郎还是任何其他货币来估算他们的财富，都必须同样地体现这一事实。"

在物理学中，同样的事情以更复杂的形式展现。由于所有运动都是相对的，你可以将任何喜欢的物体作为标准参考物，参照它来估计所有其他的运动。如果你在火车上并步行到餐车，你自然会暂时将火车视为静止的，来估计你的相对运动。但是，当你想到自己正在经历的旅程时，就会将地球视作是静止不动的，并说你正以100千米/时的速度移动。一位关注太阳系的天文学家将会固定太阳，并认为你正在自转和公转；与这种运动相比，火车的速度慢到近乎可以忽略不计……你不能说其中一种估计运动的方法比另一种更为正确。一旦指定了参考物，每种方法都是完全正确的……由于物理学完全关注的是关系，所以肯定有可能通过把所有运动都指向任何给定的物体作为标准来表达所有的物理定律。

这个总原理至少可以追溯到17世纪，当时伽利略以此为论据，同一些坚称地球不可能绕其自转轴旋转并绕太阳公转的人争论不休。这些人问道（大概还带着自鸣得意的微笑），如果地球在旋转并在太空中飞行，那么为什么我们没有感受到这种运动呢？伽利略在他1632年《关于两大世界体系的对话》一书中通过一个思想实验解答了这个问题。

想象一下自己在港口一艘船的甲板下。你身处一个无窗的船舱中。蝴蝶飞入了房间。伽利略写道："在船静止不动的情况下，仔细观察蝴蝶如何以相等的速度飞向船舱的各个侧面。"现在，你起航了。当你达到稳定的速度后，再次观察蝴蝶。它们是否"向船尾聚集，似乎因跟不上船的航行而疲惫不堪"？明显不是这样的。那是因为"对于船舱中包含的所有物体，船的运动都是相同的，对空气来说也同样如此"。这就是伽利略相对论。艾萨克·牛顿将其融入他自己的太阳系理论之中，他是这样表达的："给定空间中所包含物体的运动彼此之间都是相同的，无论这个空间是静止的还是沿直线匀速向前移动。"

直到19世纪末期，当苏格兰物理学家詹姆斯·克拉克·麦克斯韦（James Clerk Maxwell）发展他的电磁学理论时，才有了迫切的理由重新探讨相对论。除此之外，麦克斯韦的方程式还预测真空中的光速是一个普遍常数。它从未改变过，没有任何东西的传播速度可以超过它。这与自17世纪末开始统治世界的牛顿物理学产生了直接的冲突。牛顿定律说，如果你从飞速行驶的火车头上发射一束灯光，它将以其通常的速度加上火车的速度传播。究竟谁才是正确的？那个时代最聪明的人们都投身于这场争论。亨德里克·洛伦兹（Hendrik Lorentz）和亨利·庞加莱（Henri Poincaré）取得了进展。但是爱因斯坦是第一个找到深层次的解决方案的人。

爱因斯坦在他1905年的论文《论运动物体的电动力学》[7]中提出了一个新的、由两部分组成的相对论原理。就像伽利略所说的那样，物理定律对于惯性参考系中的任何人（处于静止或匀速运动中的人）来说都是相同的。继麦克斯韦之后，他增加了一个重要的规定：光速是一个普适的常数。无论你和光源的运动速度有多快，光始终以每秒30万千米的速度在真空中传播。而且，没有什么能够超越光速。这是宇宙的速度极限。

这些假设导致了一些反直觉的结论。如果你乘坐的飞船以光速的99%行驶，将会发生什么？你会"赶上"光吗？答案是否定的，你会看到光以每秒30万千米的速度传播。这是因为其他看似不变的事物（它们之间的距离和时间）实际上是可变的。[8]生物进化并没有让我们适应这个。长度收缩和时间膨胀仅在接近光速时才会变得明显。在稀树草原形成的千年时间中，生物的大脑可以处理的最快的事情就是猎豹的冲刺。

但是正如爱因斯坦的一位资深的导师所讲的那样，如果你将世界视为时空，那么相对论奇异的效应就变得自然而然了。他的名字叫赫尔曼·闵可夫斯基（Hermann Minkowski），他在1908年一次著名的演讲[9]中解释了他对爱因斯坦新思想的几何理解。闵可夫斯基解释说，时空并不相同，但密不可分。他说："在我们的经验中，地点和时间总是结合在一起的。""除了处于同一个时间之外，没有人能观察到同一个地点，除了身处同一个地点之外，也没有人能观察到同一个时间。"因此，他认为，空间和时间应该被视为织物上密不可分的线。要以这种方式思考，你必须使用一种新颖陌生的几何形式，关于平行线和三角形的旧欧几里得规则将不再适用。使用这种扭曲的几何形式，你可以直观地了解时间膨胀、长度收缩以及其他的相对论效应。

在闵可夫斯基的时空中，在某时某地发生的事情叫作一个事件。可以使用四个坐标来定位一个事件，包括三个空间项（在哪里)和一个时间项(在何时)。事件之间的间隔(它们之间的时空间隔)是由时间和空间组成的。相对论说,两个事件之间的时空间隔对于所有参考系中的所有观察者来说都是相同的,无论它们如何相对彼此移动。不同的观察者对时间和长度可能有不同的认知,这是因为时间和长度并不是最基础的。正如爱丁顿在他前往普林西比四年之后出版的《空间、时间和引力》[10]一书中所解释的那样,"长度和持续时间不是外部世界中的事物,它们是外部世界与某些特定观察者之间的关系"。

就像爱因斯坦的相对论那样,虽然它开拓了思想,但它也包含了一个巨大的漏洞。它将光速设置为不可逾越的速度屏障。但是引力似乎传播得更快,它能瞬时穿过整个宇宙。在牛顿的世界中,行星和卫星似乎是使用某种不限速度的神奇牵引光束将自己拉进轨道的。这种差异一直困扰着爱因斯坦,直到1907年的一天,当他坐在伯尔尼专利局的办公桌前,写着一篇目前为大家所熟知的有关相对论的文章时,思想的火花闪现。他有了一种被他称为"最快乐的想法"[11]。其他人或许都无法把握这个思想的重要性:"如果一个人自由下落,他将不会感受到自己的重量。"

如果自由落体使你感到失重,那么将无法分辨自由落体与没有引力之间的区别。爱因斯坦认为,反之亦然:没有办法分辨加速运动与存在引力之间的区别。当出现机械故障,电梯突然向上,你被压向电梯的地板时,你感受到的沉重在某种意义上来讲与引力是完全相同的。在这一见解的基础上,爱因斯坦花费了8

年的时间建立了广义相对论。这是一个基于深奥数学的困难理论，但其核心是一个简单而深刻的想法：引力根本不是力，它是时空的曲率。

亚里士多德（Aristotle）将万有引力归因于万物的自我分类趋势。重物"希望"坠落到地心，火向往天空。哥白尼（Copernicus）认为引力是"部分事物被赋予的对自然的抗争……因此，通过组合成球体的形式，它们可以统一而完整地结合在一起"[12]。对牛顿而言，引力是控制粒子在空间中运动的"自然力量"之一。宇宙中的每个粒子都吸引着其他所有粒子。这种力可以瞬间在无限距离处传递。牛顿并没有声称知道引力的作用原理。在他的巨著《自然哲学的数学原理》接近尾声的部分，[13]他写道："我无法从现象中发现引力性质的成因，我也没有提出任何假设……对我们来说，引力确实存在，并按照我们解释的定律运作，这就足够了。"

几个世纪后，爱因斯坦似乎找到了答案。想象一下地球仪上的经线。放大一块足够小的区域，你可以忽略地球仪的曲率，而经线看起来好像永远不会相交。那是因为你正在观察的区域实际上是平坦的（在此处欧几里得几何定理是成立的，其中包括平行线永不相交的定理）。现在缩小查看区域，你观察到的是整个地球。经线在南北两极确实相交。它们仍然是平行的，但是仅在一个弯曲的二维表面上平行。

向地球表面再增加两个维度，一个是空间，一个是时间，你就有了四维时空，这是爱因斯坦广义相对论的作用面。人们的想象无法理解弯曲的时空。但是通过培训，人们可以轻松地写下并操纵描述其工作原理的方程式。构成爱因斯坦广义相对论的方程式描述了质量（另一种能量形式）与时空形状之间的关系。正如普林斯顿物理学家约翰·惠勒所写的那样："时空告诉物质如何运动；物质告诉时空如何弯曲。"[14]迪米特里奥斯·普萨尔蒂斯（科学家谢普·多尔曼会在人生的晚些时候遇到他）认为，引力质量会使附近物体的未来向它所在的方向倾斜。弯曲的时空不仅仅是几何的问题，它也同样是命运问题。

* * *

爱丁顿正忙着往他的仪器里放入新的照相底片，无暇密切关注天空。他写道："从结果看来，在日全食的最后三分之一的时间内，云层一定已经变得很稀薄了。"这些结果与索布拉尔的结果相结合，可以揭秘出恒星的位移，这个很小的差异[15]预示着自启蒙运动以来我们对空间和时间的理解发生了巨大的转变。

爱丁顿的研究结果使爱因斯坦成为20世纪最著名的科学家。广义相对论是科学的杰出成就，也引起了民众巨大的轰动。对于公众来说，爱因斯坦的方程式具有神秘莫测的古老文字的圣光。物理学家赫尔曼·外尔（Hermann Weyl）写道："好像我们与真相之间横亘的一堵墙已经倒塌了。现在，我们从未预想过的广阔而深邃的领域暴露在知识搜寻者的眼中。"[16]

第三章

什么样的人会把建造地球大小的望远镜拍摄黑洞的第一张照片作为自己毕生的事业呢？显然，是在正确的时间，站在正确的地方的那些人。但是，只有具有一定才能、需求和特质的人（具有充沛的精力，能忍耐风险和不安，渴望探究）才会拥有这样的机遇。

回顾谢普·多尔曼的人生，不难发现他是如何获得这些特质的。他充沛的精力（探究者的特征）可能是遗传的。他于1967年出生在比利时的威尔塞勒，是一对年轻的美国夫妇的孩子。他的父亲艾伦·纳克曼（Allen Nackeman）当时23岁，在欧洲的一所医学院求学。他的母亲是莱恩·科尼亚克（Lane Koniak），一个来自纽约东部的21岁女孩。他们并没有在医学院待很长时间。谢普5个月大时，艾伦和莱恩回到美国，租了一辆四分之三吨的卡车，出发前往阿拉斯加。他们到达了俄勒冈州的波特兰。艾伦在那里找到了一份美联社记者的工作，他们定居在郊区。

谢普天资聪颖。家族传说他3岁就能阅读。同时还说，当上

　　　　　　　　　　　　　　　　　　　　黑洞之影

到二年级时，他从蒙特梭利学校转到当地的小学。有一天，他烦躁地回到家中，拿着一份极为简单的拼写测试，抛向他的母亲，并要求学习一些更艰深的知识。有人告诉莱恩，他们可以考虑一下一所位于犹太教堂地下室的私立希勒尔学校。当他们去拜访学校时，莱恩告诉拉比①，他们能负担起的费用很少，但是拉比说，他们想录取这个孩子和他的妹妹杰夫(Jeffa)。

他们在郊区四处搬家，但在接下来的几年中，他们停止了四处漂泊。这显然超出了谢普父亲的承受能力。当谢普7岁时，他父亲骑着摩托车穿越亚洲，便再也没有回家。

接下来谢普家进入了脱线家族②的阶段。莱恩嫁给了一位高中科学教师内尔斯·多尔曼(Nels Doeleman)，后者将自己的两个孩子(一个男孩和一个女孩)带到了家中。内尔斯收养了谢普和他的妹妹。多年后，谢普称艾伦为他的"生父"，而将内尔斯称为他的"父亲"。

谢普读完五年级后，新组建的多尔曼家族(父母，两个兄弟，两个姐妹和一只威玛猎犬) 开始了一次大冒险。父母认为孩子们变得过于美国化了，所以内尔斯从高中请了一年的假期，他们收拾了奇努克露营车，驱车前往蒙特利尔，在那里他们登上了波兰远洋游轮斯特凡巴托里(Stefan Batory)，并驶向比利时。

---

① 负责传授犹太教教义、执行律法或组织宗教仪式的人。
② 脱线家族（*Brady Bunch*），是美国拍摄的一部喜剧片，讲述了 20 世纪 90 年代布雷迪一家的故事。

他们在新鲁汶度过了这一年。谢普不会说法语，但无论如何他还是在法语学校上了六年级。课余时间全家人穷游了欧洲，将奇努克开入了意大利和西班牙，依靠大量的汤和马肉三明治为生。那是个很好的塑造性格的时期，但重返美国带来困难。那一年，速成的欧洲学校体系使谢普领先于波特兰七年级学生的平均水平，所以回到俄勒冈州后，谢普成为一名12岁的高中新生。莱恩和内尔斯都在高中工作，因此他们可以随时关注他，但是他和同学之间的年龄差异是难以克服的。他被同学欺负，不参加体育活动，也不参加舞会。

但是他参与了父亲的物理课，他是一个天才。内尔斯回忆道，谢普凭直觉就能理解他在学生时代难以理解的概念。在家中谢普继续受到科学熏陶。在那里，内尔斯和谢普发射了手工火箭。在俄勒冈州东部的沙漠中，他们收集了雷公蛋（一种内部是玛瑙晶体的熔岩球）。内尔斯在棚子里用钻石锯将它们切成两半。当然，有一次，他们开了几个小时的车去观看了日全食。

谢普15岁那年从高中毕业。他向俗称物理学奥林匹斯山的加州理工学院（California Institute of Technology）递交了申请，但并没有被录取，所以他在那年秋天进入了波特兰的里德学院，这所学校因为思想自由和对毒品宽容的态度而闻名。他年纪还太小，没有获得驾驶执照，所以他搬进了校园，在母亲的指示下，他在学校里谎报了年龄，告诉别人他17岁。在接下来的4年中，他勤勉地维持了这个谎言，因此在他毕业时，当发言人宣布他的班级中出现了该学院有史以来最年轻的毕业生时，谢普缩在了他的座位上，逃避来自同学们的目光。

在他毕业那年的一天，谢普路过物理系，被招工和实习招聘的公告板上的一则告示吸引住了。特拉华大学的巴尔托尔研究所正在招募两名技术人员赴南极进行为期一年的科学实验。当时他已经被俗称东部奥林匹斯山的麻省理工学院录取，准备攻读物理学博士学位，但他能感觉到这个公告板将彻底改变他的人生路线。

几个月后，谢普的兔子靴嘎吱嘎吱地踏在了麦克默多站覆盖着冰雪的飞机跑道上。C-141运输机嗡嗡作响，载着他从温暖的新西兰来到这里。一辆绰号为"伊凡泰拉巴士"（Terra Buses，泰拉巴士是一种为极地环境设计的大型越野车）的红白相间的六轮载人越野车等候在此。天空充斥着紫外线。从这一刻起，直到之后的几天时间内，他时常在思考，我都做了些什么？但是冰雪迟早会成为他的一部分。

他的实验室是一座名为科斯瑞（Cosray）的蓝色金属平房，它位于麦克默多主村外约1.6千米处。他负责在那里进行的几项实验，其中包括对大气层外和入射宇宙线相撞的中子进行计数的机器。大多数时候谢普会睡在麦克默多的宿舍里，步行或驾车穿过冻土路去上班，但是科斯瑞有一个小厨房和一张行军床，因此他可以在实验室待几天，听随身听上的录音带，玩他从俄勒冈州运来的苹果麦金塔电脑。实验室还设有一个暗室，谢普在那里冲洗了他拍摄的极光的照片。

这种与世隔绝的生活很适合他。来自南极发展第六中队（绰号"皱企鹅"，是负责美国"在冰上"活动的海军单位）的检查人员很担忧他的心理状况。在冬季，6个月的黑暗逐渐降临，所有往返南极洲的旅行都停止了。紧急撤离会付出极高的代价，并且要冒着巨大的风险。研究表明，未婚、受过大学教育的年轻人往往最能够应付南极洲的冬季，而谢普符合上面的描述，并且比一般人适应得更好。在他19岁时，他成为美国南极计划历史上最年轻的过冬的人。

他们不必为此感到担忧。当漫长的夜晚到来时，谢普的内心中涌现出许多思绪。冰上的天空是一种启示。恒星的密度高得不可思议。凝视的时间越长，出现的恒星越多，夜幕逐渐被无限后退的光点所填充。陆地和天空之间的边界消失了。谢普发现，自己并非生活在一颗行星之上，而是生活在一个星系之中；他并非存在于当下，而是存在于永恒的空间之中。数千年前发生的事件此刻出现在空中。在以后的生活中，他开始将宇宙视为一种时间机器。观察宇宙就是观察数千、数百万或是数十亿年前发生的事件。如果太阳消失了，8分钟之后我们才会有所察觉。如果银河系另一边的外星人凝望地球，他们会看到尼安德特人。

在离开南极后，他四处游荡。麻省理工学院不允许他再一次推迟申请，因此他重新提出申请，他的申请也被再次接受了。他知道自己的流浪岁月快结束了，于是他在新西兰骑行，然后去了亚洲旅游。在巴基斯坦，一位来自南极洲的朋友安排他在财政大

黑洞之影

臣的家中用餐。在克什米尔，他坐在公共汽车的顶上穿过令人恐惧的山口，从悬崖边缘俯瞰坠落车辆的残骸。他通过昂贵的电话和玻璃纸一样薄的航空邮笺与亲朋好友联络。最终，在1988年春天，他飞到了洛杉矶，然后去了新墨西哥州。

莱恩和内尔斯已经离婚，谢普的妈妈当时住在曾引爆过原子弹的阿拉莫戈多沙漠，在一所盲人学校教书。她以母亲的目光端详自己的儿子。她已经有将近两年的时间没有见到他了。南极洲的生活并没有给他带来任何明显的心理疾病。他仍然健谈、笑点很低。不过，有些事情有所改变。至少，他的发色变化了。谢普一直都拥有一头浅红色的头发。这是他从生身父亲那里遗传下来的。他生父的胡须后来变成了半红半棕的颜色。现在，谢普的头发（他仍然年轻，头发仍然浓密）变成了同他母亲一般的深棕色。

回到美国的几个月后，谢普到达了麻省理工学院的校园。当他搭乘的车开走时，他站在一条人行道上，身边是装着他所有财产的皮箱。他意识到他之前从未考虑过住宿的问题：公寓都需要提前安排。他用路边的付费电话给一位从未见过的教授（这位教授已经被指派为谢普的导师，他是世界上最重要的几个核聚变研究项目之一的负责人）打了个电话，询问是否有公寓的信息。然而他并没有。因此，谢普就这样开始了他不祥的研究生生涯。

谢普大部分时间都消耗在麻省理工学院的37号楼里。那是一栋由灰色的混凝土梁和狭窄的黑色窗户构成的矩形网格状建筑。它看起来就像一个巨大的微芯片。这座建筑里充斥着裸露的混凝土、荧光灯和不适感。它可能是通过异化优化算法来设计的。

物理学博士的课程也可以这样描述。博士课程会嘉奖那些不断劳动、更能承受痛苦的人。自然，学习的内容艰深晦涩。一组带回家的问题可能需要三十页的计算才能解决。这都很正常。学生来到麻省理工学院学习，从匮乏的数据和基本的准则中推导出自然的原理。在更早的世纪中，他们可能会成为学童或僧侣。很少有人会应征入伍，但是偶尔他们也会这样做。博士课程注重等级体系，并且会淘汰弱者。教授和导师会例行公事、不带讽刺意味地问学生，"你是选择游泳，还是选择沉沦？"这些字眼印刻在校园中每栋建筑物的门槛上。

在一群纯粹的数学天才和痴迷于理论物理学的人中，谢普显得格格不入。他的兴趣广泛而抽象，但他的天赋在于手工和实物。他并不总能打起精神来求解三十页张量微积分的问题。他需要持续不断的、多方面的刺激。他没有在等离子体物理实验室工作很长时间。然后他加入X射线天文学小组一段时间。他在一个在集成电路上培养哺乳动物神经细胞的实验室里表现得不错，但领导这个团组的教授在另一所大学找到了工作，谢普就这样失去了这个实验室。在此之后，谢普被默认加入了一个由射电天文学家伯尼·伯克（Bernie Burke）领导的研究团组。伯克过着一种带有学术光环的惬意生活，在世界各地飞来飞去，与其他知名学者一起出席一些委员会的会议。他让一位高年级的研究生指导谢普。谢普磕磕绊绊地继续着他的学业。他两次未能通过他的第二次口试。在第三次尝试中，他通过了口试，但当时伯克已经对他失去了信心。他希望谢普能退出他的团组，因此他在波士顿以北的麻省理工学院天文台为谢普安排了一些面试。

因此，在1992年的一天，谢普和其他一些研究生搭乘了一辆面包车，向北离开剑桥。在城镇外一个小时的车程内，他们穿梭在殖民地时期样式的房屋和池塘之间，在一条双车道的路上转弯，然后按照政府的指示驶入了一条漫长的林间小路。在半山腰处，圆顶和天线进入了他们的视野。一个房屋大小的银色半球被安放在一个巨大的白色棚屋的屋顶。更远处，两个硕大的由金属网制成的雷达天线面向天空。一个天线仰头朝上，就像一个放置在那里用来收集光滴的碗。山顶就是海斯塔克天文台（Haystack Observatory）的总部，建筑的底下是一层粗糙灰砖砌成的基座，上面托举着一个巨大的白色球体，就像美国佛罗里达州迪士尼中艾波卡特中心的球体一样。

谢普和他的同伴们走进大厅，并在秘书那里登记。在建筑外部，海斯塔克天文台看起来像是一部冷战时期的电影，那部电影讲述了政府科学家与外星人秘密交流的故事。当地的一些怀疑论者一定会有与这个地方有关的一些外星人理论。建筑的内部感觉就像是地区电话公司的分公司。在海斯塔克天文台的日子过得很平静，至少与开始相比是这样的。

海斯塔克的前身是麻省理工学院的雷达实验室（Rad Lab）[1]，这个实验室在20世纪40年代完善了雷达，并因此帮助美国赢得了第二次世界大战的胜利。战后，这个实验室被关闭了，但用雷达来探测的武器却变得更加恐怖。20世纪50年代初，在俄罗斯的核武器的刺激下，麻省理工学院和国防部建立了林肯实验室，这是一个无限期（open-ended）的曼哈顿项目。不久之后，氢弹和洲际弹道导弹的出现使空投核裂变炸弹变得过时了。新的世界末日的场景始于能够跨过北极攻打美国的热核武器。作为回应，林肯实验室的科学家发明了可以追踪这些导弹的新型仪器，例如位于这座大厅底下的雷达系统（Millstone Hill Radar），那是1957年建成的，刚好用于监控苏联的第一颗人造地球卫星（Sputnik）。

20世纪60年代初，林肯实验室建造了到当时为止最先进的雷达站——海斯塔克天文台。建造它主要是为了与距离地球表面3.5万千米处的军事卫星进行通信。但是自打一开始以来，除了为第三次世界大战做准备之外，在那里工作的科学家们还想做更多的事情。他们想做天文学研究。[2] 当海斯塔克的大型类似于"未来世界中心"的球体中的37米雷达天线完工后，艾伦·罗杰斯（Alan Rogers）等人将它指向邻近的行星，帮助确定了太阳系的基本规格。在为阿波罗11号任务做准备时，海斯塔克的科学家在月球上寻找合适的着陆点，用雷达波筛查月壤，他们向美国国家航空航天局(NASA)保证，"鹰"号登月舱不会像某些人所担心的那样沉入月尘坑中，不会让尼尔·阿姆斯特朗(Neil Armstrong)和巴兹·奥尔德林(Buzz Aldrin)在静海中搁浅。

从20世纪60年代末开始，由林肯实验室的欧文·夏皮罗(Irwin

Shapiro）领导的团队进行了一系列观测，它们构成了所谓的爱因斯坦引力理论的第四次检验。有了海斯塔克的雷达天线的帮助，他们利用金星和水星反射雷达波。当信号非常接近于太阳时，它们被金星和水星反射回来；太阳的引力使往返的雷达信号延迟了五千分之一秒，正如爱因斯坦的理论所预言的那样。[3]

这种雷达天文学涉及从行星和卫星反射的信号。射电天文学是捕获外太空物体发射的长波长光的一种观测方式。对于外行人来说，他们通常会混淆"射电"和"望远镜"这两个词的意思。这就是为什么1997年电影《接触》的制片人决定让乔迪·福斯特（Jodie Foster）扮演的角色［(角色原型是现实生活中的射电天文学家吉尔·塔特(Jill Tarter)]通过耳机听望远镜。想象一下一个有趣的场景：在一个充满科学家的电影院里，当这一幕放映时，他们都不禁用手捂住了脸。"射电(radio)"一词是"辐射(radiation)"这个单词的截断，意为能量辐射。天文学家捕获能量的形式是电磁辐射，也就是光。可见光是一种电磁辐射，波长在400纳米(即十亿分之一米)到700纳米之间。"波长"是指两个独立光波之间的距离。射电光的波长可以在1毫米到数千米之间。我们能够看到可见光，因为它穿透了地球的大气层，并且能够轻易地穿过水(我们的原始祖先从中爬出的地方)。进化使我们忽视了肉眼无法察觉的电磁波谱，但光就是光。所有这些都可以被"看"见。

截至1992年谢普步入海斯塔克天文台的大厅的那天，它已经成为世界领先的射电天文学新技术的孵化器之一。在此处，在几何球体之下安静的走廊中，谢普和各种研究项目的负责人会面，寻找一个可以完成学位论文的实验室。不久后，有人将他带到艾伦·罗杰斯的办公室。他是海斯塔克的创建人之一，是一位体型瘦弱、言谈温和的白发男人，说话时带有青年时代在罗德西亚养成的口音。在20世纪60—70年代，罗杰斯与伯尼·伯克、艾伦·惠特尼（Alan Whitney）、吉姆·莫兰（Jim Moran）等人一道，因为帮助开发了一种被称为甚长基线干涉（简称VLBI）的技术而获得了广泛赞誉。正如大家所说的那样，VLBI是一种协调地理位置遥远的射电天文台来模拟单个巨型望远镜的方法。它是迄今为止所有天文学领域中分辨率最高的技术，因此十分适合研究非常遥远和微小的天体。

谢普对VLBI了解并不多，但他对此很感兴趣。尽管这是一个很丑的缩略词，但它却蕴含着冒险和浪漫的希望。他曾听说过VLBI的工作人员在冷战最严重的日子里将原子钟装载到商业航班上送往苏联的故事，他也听说了他们远征中国紫金山天文台和斯瓦尔巴群岛等地的故事。他对使用VLBI进行大地测量的项目特别感兴趣，这个项目监测我们不完美的地球的大小和形状波动。为了这些项目，人们必须周游世界，将射电天线安装在合适的地点，无论这些地点是多么遥远或多么危险。对于谢普来说，这听起来棒极了。对他来说，最大的问题在于，大部分边远天线的部署工作都已经完成了。

但是罗杰斯认为他还有另外一个项目谢普可能会喜欢。他描述了他是如何试图让VLBI在尽可能高的射电频率下工作，这是介于微波和红外线之间的未被探索的"亚毫米"波段。他们即将让这项技术在波长为3毫米的光下工作。在那之后，目标是波长为1毫米的光。一旦他们掌握了1毫米技术，他们就征服了亚毫米波领域。不过这需要几年的时间。罗杰斯解释说，这项工作很困难。他们正在将现有技术推向极限，也正在从头开始制造新的仪器。这些实验经常失败。实地工作需要在偏远的高海拔望远镜前度过许多个不眠且混乱的夜晚。然而，罗杰斯说，这项实验的科学动机是相当吸引人的。其中一个目标是深入星系核心研究黑洞，包括研究银河系中心的黑洞。

第四章

当爱因斯坦发表了广义相对论之后，他的方程就开始传达奇特的信息。卡尔·史瓦西(Karl Schwarzschild)是第一个接收到这些信息的人。

史瓦西是德国著名的天体物理学家，也是爱因斯坦的同事和通信者。1914年战争爆发后，他辞去波茨坦天体物理天文台台长的职位，并自愿参加了德军，但他在战场上仍然坚持不懈地从事学术工作。在俄国前线时，他在皇家普鲁士科学院院刊上读到了广义相对论。他在1915年12月22日给爱因斯坦的信中写道："正如您所看到的那样，战争对我抱有善意，尽管我置身于猛烈的炮火袭击之中，它仍然允许我步入您的思想领域。"[1]在那次漫步中，他得出了爱因斯坦方程式的第一个精确解，这是一项非凡的功绩，即使是爱因斯坦也认为这几乎是不可能实现的事情。

从数学上来讲，尽管广义相对论是一组方程，但是在一些情况下，它们就会像受到刺激的罐子里的特技蛇一样爆发，令人害怕。它们是用令人生畏的张量语言书写的，是许多数学和物理学

黑洞之影

专业人士从未遇到过的晦涩难解的数学对象。爱因斯坦方程式的"精确解"是另一种被称为度规的方程式，可以用来测量弯曲时空中的距离。不同的时空具有不同的度规。旋转的恒星周围的时空与不旋转的恒星周围的时空具有不同的形状，依此类推。史瓦西的度规描述了可能存在的最基本的情况，即非旋转球对称物质周围的时空。

爱因斯坦对史瓦西的度规赞叹不已，他将之代为提交给了普鲁士科学院。它目前仍然是学习广义相对论的学生所要学习的首件事情，并且对于模拟恒星和行星周围的时空仍然有所助益。但是从一开始，史瓦西度规就出现了一些不祥的事情。它预测，对于任何给定的质量，都存在着一个"临界周长"，在那里奇异的事情发生了。爱丁顿称这是一个"魔术圈"，没有任何实验可以看到圈内。临界周长取决于质量。对于我们的太阳，它的实际周长为437万千米，临界周长为18.5千米。如果通过某种方式，将太阳200万亿亿亿千克的质量塞进一个周长小于等于18.5千米的球体内，从球体内部发出的光将永远无法逃脱。用数学术语来说，这个临界周长是一个奇点，即一个未被定义的点，等同于除以零。史瓦西和爱因斯坦合理地将"史瓦西奇点"视为与物理世界无关的数学上的人工产物。

但是这个方程试图传达出一些信息，随着时间的流逝，我们对方程内涵的理解将更为深刻。在20世纪30年代，苏布拉马尼扬·钱德拉塞卡（Subrahmanyan Chandrasekhar）[2]研究出了恒星在耗尽燃料并在自身重量作用下坍缩时会发生什么，他发现小于1.4倍太阳质量的恒星最终会变成白矮星（相当于将一颗恒星的质量压缩到一颗小的行星那么大）。较重的恒星将继续坍缩。几年后，天文学家弗里茨·茨威基（Fritz Zwicky）发现，质量太大以至于不能变成白矮星的恒星将变成中子星（由奇异物质组成的城市大小的球体；每汤匙中子星的质量约为10亿吨）。那更重的恒星呢？它们的命运一直是个谜，直到1939年，伯克利物理学教授罗伯特·奥本海默（J. Robert Oppenheimer，即将成为原子弹之父）和他的学生哈特兰德·斯奈德（Hartland Snyder）一起空前细致地模拟了最重恒星的死亡。他们总结说，"当所有热核能源都耗尽时……一颗足够重的恒星将坍塌"，并且这种收缩极有可能"无限期地继续"。[3]一颗坍缩的恒星将收缩到一个无限小、无限致密的点，即另一个奇点。如果你真的位于那颗恒星的表面，灾难将很快结束。但是，如果你从远处观看，这个过程将永远持续下去。随着恒星的坍塌，从它表面射出的光会变红，最终看起来仿佛时间凝固了一样。这两种场景（恒星在几秒钟内消失，恒星永恒在收缩）同样都是"真实的"。

奥本海默的同僚们接受了上面的说法，然后略显紧张地说，"有趣。我们要不现在讨论一下德国的世界末日装置？"到1942年的时候，奥本海默担任了曼哈顿工程的快速爆破①协调员。

———————

① 原子弹的别称。

战后，在和平时期找工作的军用雷达工程师将多余的雷达天线改造成了科学仪器，并开始搜寻天空。那个时代专业的天文学家认为这些新成员和他们的"望远镜"不那么正统。但是，正如沃纳·伊斯雷尔（Werner Israel）后来所写的那样，射电天文学家"迎来了自伽利略时代以来天文学史上最异彩纷呈的时代"[4]。他们定位从看起来空旷的天区中发射的射电波，并把坐标传送给光学天文学家。光学天文学家爬进了教堂大小的天文台里的焦点笼内，令他们大吃一惊的是，这些信号都是从之前被大家忽略的一些昏暗的光斑中发射的。他们称这些天体为射电星系。不久，射电天文学家将他们同事的注意力引向另一类更奇异的天体——射电星。这些天体后来被称为"类星体（quasars）"，它的英文单词是类恒星射电源（quasi-stellar radio sources，一类发射射电波的天体）的缩写。发现第一颗类星体的光学天文学家马尔滕·施密特（Maarten Schmidt）登上了《时代》杂志的封面。[5]向施密特提供坐标的射电天文学家约翰·博尔顿（John Bolton）却没能登上。

类星体3C 273距离地球20亿到30亿光年，比天空中其他任何天体都要明亮100倍以上。[①]迄今为止，美国人和苏联人试验了足够多的核武器，因此每个人都知道自然界中储备着灾难性的力量。但是，即使是核聚变也无法解释类星体巨大的光度。3C 273闪耀的光芒相当于4万亿个太阳，但它不可能是一个由4万亿颗恒

---

① 指它的本征光度。

星组成的星系。这是因为 3C 273 在闪烁，而 4 万亿颗恒星不可能一齐闪烁。这意味着类星体必须拥有一个单一的、相对较小的引擎，这个引擎能够将数百万颗恒星直接且完全地从物质转化为能量。通过核聚变反应（两个元素聚合形成第三个元素的过程，也是为恒星和热核武器供能的过程），元素具有的质量中，至多只有百分之一能够转化为能量。科学家们陷入了困境，因此他们将目光转向了爱因斯坦的引力理论。

引力是迄今为止已知的自然界四种力中最弱的一种，但坠落却是一种出人意料的强大行为。当物体坠落时，它会获得动能。它落得越远，聚集的能量就越多。爱因斯坦的方程表明，落向难以想象的致密天体上的物质最终将接近光速。如果它们在坠落时和其他东西发生碰撞，就会在爆炸中释放出比热核武器更巨大的能量。在 20 世纪 60 年代初期，科学家们尚未理清类星体与理论上引力驱动的能量释放之间的联系，但是他们已经清楚地知道前进的方向。

在过去的 40 年中，大多数物理学家都忽略了广义相对论。在那时，它恰好不是那么实用。你甚至不需要广义相对论就可以将飞船送入月球。250 年前牛顿的方程就足以解决问题。但是有少数科学家坚持了战前奥本海默搁置的工作。其中包括普林斯顿大学的约翰·惠勒，他在 20 世纪 50 年代就更加细致地模拟了恒星的死亡，并在 20 世纪 60 年代初确证了奥本海默和斯奈德的结论：当质量超过某个极限的恒星死亡时，它将无限制地坍缩。

黑洞之影

物理学家急需解释类星体发出的骇人听闻的能量，因此他们于1963年12月16日至18日在达拉斯召开了一次紧急会议，即首届得克萨斯相对论天体物理学研讨会。当州长约翰·康纳利（John Connally）在开幕词中对科学家们的到来表示欢迎时，他胳膊上还打着吊带，[6]这是因为几周前他在约翰·肯尼迪（John F. Kennedy）总统遇刺事件中被子弹打伤。会后，科学家们确信类星体、广义相对论和引力坍缩都以某种未知的方式联系在一起。一个早期的提议是，类星体是正在坍缩的巨型"超级恒星"。但是时间尺度是个问题。一颗恒星会在一天之内坍缩，而类星体已经闪烁了数百万年。这种一次性的、为期一天的坍缩事件如何给持续这么长时间的过程供能？

在得克萨斯研讨会结束之后的几年中，答案变得清晰起来。运用新的数学工具的新一代理论物理学家表明，当质量超过某一极限的恒星死亡时，一些奇怪的事情发生了。正如约翰·惠勒所描述的那样，坍缩"逐渐变得越来越昏暗……[7]在不到一秒钟的时间内，就暗到看不见了。曾经是恒星核的东西不再可见。核像《爱丽丝漫游奇境记》里的柴郡猫那样在视野中逐渐消失。猫只留下它咧着嘴的笑容，而核只留下引力的吸引力"。用沃纳·伊斯雷尔的话说，剩下的就是"一个基本的、自我维持的引力场，它切断了与产生它的物质源之间所有的因果关系。就像肥皂泡一样，它适应了一种与外部约束一致的最简单的配置"[8]。这就是爱因斯坦的方程式试图传达的内容。首次出现在史瓦西的笔记中的那些奇点具有真实的物理意义。我们称之为黑洞，这个名字是约翰·惠勒在 1967 年的一次演讲中提出的。[9]

如果黑洞只是能困住自身光线的恒星，那么人们并不需要花费 50 年的时间来接受它。两个多世纪以前，英国地质学家兼教区长约翰·米歇尔（John Michell）运用牛顿原理，假设了"暗星"的存在。暗星非常致密，因此能够捕获逃逸的光。皮埃尔-西蒙·拉普拉斯（Pierre-Simon Laplace）在初版《世界体系》中提到了它们。这两位科学家想象中的暗星是由正常物质构成的固体实体，碰巧是难以想象的致密。光可能会试图逃逸，但就像动力不足的火箭一样，它无法达到逃逸速度，并且最终会落回表面。

另一方面，黑洞由纯粹的引力构成。将它们类比为一个过程可能会有助于理解。宇宙学家安德鲁·汉密尔顿（Andrew Hamilton）将它们与瀑布进行了比较。[10] 在引力较弱的地方，时空是一条平静的河流，徐缓地向前流动。平静的河流很容易被扰乱。一块原木落入河流，它会使周围的河水变形，并阻断水流。以此类推，水的流动就是时间。当你划着独木舟经过原木时，河流会温和地将你引向发生扰动的区域，使你的未来朝着它所在的方向倾斜。如果你被困在瀑布里，无法逃脱，你将快速向前向下下落。

黑洞的基本特征是在史瓦西的"临界周长"处出现的边界，也就是视界。物理学家戴维·芬克尔斯坦（David Finkelstein）率先把握了这个边界的本质，用他的话说，视界是"完美的单向膜，[11] 因果关系的影响只能单向通行"。它是一个地方，但不是一个表面。

　　　　　　　　　　　　　　　　　　黑洞之影

如果你跨越视界（如果你在下落的过程中没有被蒸发的话），你就什么都不会看到。没有湍流，也没有走马灯。正如物理学家所说，"没有戏剧性"。但是你永远都不会回来。

视界之内是真空，即为空的空间。爱因斯坦的方程式说，所有来自形成黑洞的恒星的物质，都被包含在视界中心无限小且无限致密的奇点中。中央奇点有时被描述为时空的"结"，但是没人知道在那里发生了什么。在黑洞的中心，自然界的既定理论失效了。

不旋转且不带电荷的黑洞被称为史瓦西黑洞。它由掩盖住内部真空的视界和位于中心奇异的时空结组成。但是太空中的一切都会旋转，所以真正的黑洞也必须旋转。旋转且不带电荷的黑洞被称为克尔黑洞，这是因为新西兰人罗伊·克尔（Roy Kerr）得出了描述它们的度规。克尔在1963年的得克萨斯研讨会上公布了他的度规，震动了那些关注这个领域的科学家们。正如多年后钱德拉塞卡所写的那样："在我的整个科研生涯中[12]……最令我惊愕的事情是，我认识到新西兰数学家罗伊·克尔发现的爱因斯坦广义相对论的精确解可以完全准确地描述那些遍布宇宙、无法计数的巨大黑洞。"

当一颗恒星坍缩形成克尔黑洞时，消失在视界之后的能量将继续保持旋转。动量可以防止能量坍缩成一个结状的奇点。取而代之的是，克尔黑洞具有奇环。你可以将奇环视作旋转的光子流，其中包含着曾经落入黑洞的所有物质的能量。随着奇异能量流的旋转，它拖动时空随之旋转，并产生涡旋。1969年，罗杰·彭罗斯（Roger Penrose）利用这种被称为坐标系拖曳的效应来展示黑洞是如何为类星体供能的。[13] 尽管人们普遍认为黑洞会吞噬周围的一切，但是事实并非如此，虽然它们确实会吃吃周围的事物。在视界之外一定距离处，物质落入围绕黑洞的轨道，形成被称为吸积盘的旋转质量。当黑洞旋转并拖动时空随之旋转时，部分盘会被卷入涡旋中。彭罗斯认为，当盘中的物质进入视界附近一块被称为"能层（ergosphere）"的区域时，它们将被分为两部分。一部分落入黑洞，另一部分则以能量的形式逃逸。逃逸的能量使类星体发光。[14]

自旋如何改变黑洞

视界　　　奇点

非旋转
（史瓦西）
黑洞

视界　　　奇环

自旋
（克尔）
黑洞

* * *

在20世纪60年代，当第一次由类星体推动的工作成果大爆发之后，黑洞研究走上了两条主要的轨道，一条研究理论，一条则研究天体物理学。理论学家想知道黑洞展示的自然的基本定律。

天体物理学家和天文学家则想在天空中找到它们。

在一段短暂的时间内，理论学家似乎掌握了黑洞。黑洞是奇特的，它们看起来极其简单。甚至一个尘埃斑点的完整物理描述都比黑洞更复杂，因为它是由构成该斑点的每个原子中每个亚原子粒子的所有量子态组成。黑洞是不同的。所谓的无毛定理认为，它们可以完全由质量、角动量和电荷这三个参数来描述。它们没有隆起或凹陷，没有特质或缺陷，也可以说是没有"毛发"。比较两个黑洞，如果它们具有相同的质量、角动量和电荷，那么它们是相同的，就像一个电子与所有其他电子相同一样。将1000磅重的冰箱扔进黑洞，黑洞的质量相应增加。把一千磅重的摩托车扔进另一个黑洞，会发生同样的事情。那是因为这两个黑洞是相同的，所有进入黑洞的成分(摩托车、冰箱和之前落入的所有物品)的信息都隐藏在视界之后。

黑洞中的信息看起来一直被隐蔽得很好，直到一位名叫史蒂芬·霍金的年轻理论家出现，事情才有了改变。霍金显然是20世纪下半叶的爱因斯坦，以他的思想、才智以及与运动神经元疾病的终生斗争而闻名。到1966年霍金在剑桥大学取得博士学位时，他已经针对之后被称为黑洞的那类天体做出了许多开创性的研究。他与罗杰·彭罗斯一起证明了大爆炸一定是从像黑洞中心那样的奇点开始的。他表明，大爆炸之后的涨落可能创造了原初黑洞，这些黑洞此后一直在宇宙中穿行。他与詹姆斯·巴丁(James Bardeen)和布兰登·卡特(Brandon Carter)一起发展了黑洞力学的四个定律，它们与热力学定律极为相似。例如，黑洞的视界永远不会减小的定理听起来很像热力学第二定律，后者被表述为宇宙总体的熵或混乱度永远不会减小。

大多数人认为黑洞力学和热力学之间的相似性不过是一个类比，而普林斯顿大学的一位名叫雅各布·D.贝肯斯坦（Jacob D. Bekenstein)的研究生则认为，黑洞的面积就是它的熵。[15]霍金不赞同这个想法。如果黑洞具有熵，那么意味着它必须具有温度，而每个人都知道黑洞的温度是绝对零度。这也同样意味着黑洞将必须发射包括光子(光粒子)在内的粒子，而每个人都知道黑洞是完全黑的。但是在1973年，那时霍金已经被禁锢在轮椅上，几乎无法说话，他决定通过量子透镜观测黑洞。他迅速地扭转了立场。在一篇题为《黑洞爆炸?》[16]的论文中，他承认贝肯斯坦是正确的：黑洞具有温度，会发射粒子，最终将会蒸发。

黑洞蒸发

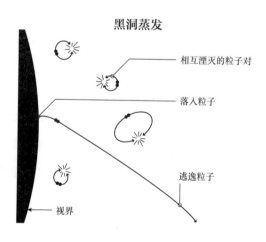

相互湮灭的粒子对

落入粒子

逃逸粒子

视界

黑洞之影

从天体物理上来讲，这种真相基本上毫无意义。5个太阳质量的黑洞的温度将是一百亿分之一开尔文。[17]要蒸发一个黑洞，需要花费几倍于宇宙寿命的时间。但是一个重要的原则岌岌可危。黑洞蒸发时发出的辐射(霍金辐射)是随机的。它不包含有关掉进黑洞里的东西的信息。最终，黑洞将完全蒸发。那时，似乎组成黑洞的物体的信息已经从宇宙中被永远地抹除了。

量子理论对我们了解世界的能力施加了很大的限制。具有固定位置的亚原子粒子变成了概率云。思想实验箱中的猫既死又活。尽管爱因斯坦坚持反对，但上帝还是在掷骰子。尽管量子力学是概率性的，但它仍然是确定的，因为它为结果提供了明确且唯一的概率分布。此外，量子力学是可逆的。原则上，如果你可以跟踪燃烧的百科全书中每个粒子的量子变化，那么你将可以从灰烬中重建原来的百科全书。销毁数据是不可能的。量子宇宙仍然是可知的。

霍金说过，如果宇宙中有黑洞，它也许根本就是不可知的。这个难题被称为黑洞信息悖论，它揭示出科学家缺失一些关于宇宙运转方式的根本信息。悖论并不局限于存在实际黑洞的深空。虚拟的黑洞，就像虚拟的粒子，可能会在真空外的任何地方自发地出现。因此，黑洞构成的任何悖论都是普适而近在咫尺的。霍金在多年后解释说："如果决定论崩溃了，我们将无法了解过去。回忆可能是幻想。过去告诉我们自己是谁。如果没有了过去，我们将失去自我。"如果霍金是对的，那么，要么广义相对论是错误的，要么量子力学是错误的，要么信息确实被破坏了，没有什么代表着一切，物理学家应该辞职去为对冲基金工作。物理学家约翰·普里斯基尔（John Preskill）后来写道："可以想象，黑洞蒸发的难题预示着一场席卷全球的科学革命，就像导致20世纪初量子理论形成的那场革命一样。"[18]理论学家们将在接下来的40年中尝试解决黑洞信息悖论。

与此同时，天文学家们也花费了40年来寻找真实存在的黑洞。他们对类星体和射电星系以及其他亚型的活动星系核（一些核区包含激烈辐射反应的遥远星系的统称）进行了分类。他们将装载着盖革计数器的V-2火箭发射升空，用来寻找发射X射线的天体，并在1970年将名叫乌呼鲁（Uhuru）的首颗X射线卫星送入轨道。[19]到20世纪70年代中期，许多人怀疑一个名为天鹅座X-1的源内包含一颗小的黑洞，这颗黑洞正像吸血鬼一样吸食和它相互绕转的恒星的物质。在当时，黑洞为科幻小说作家和前卫摇滚乐队提供素材。加拿大的Rush乐队最终发布了一组声乐套曲，[20]描述了一次进入天鹅座X-1中黑洞的绝命行动。

穿越虚空

将被毁灭

还有其他的吗？

如果天鹅座X-1中包含一个黑洞，它将属于恒星级黑洞，这

　　　　　　　　　　　　黑洞之影

意味着它是通过一颗恒星的死亡形成的。这些黑洞太小了，无法为类星体和射电星系提供能源。类星体极为明亮，只有超乎想象的强大引擎才能驱动它们。科学家们得出结论，这些引擎必须是超大质量黑洞，它们比恒星级黑洞重数百万倍至数十亿倍。

大多数星系的核区可能都含有超大质量黑洞。这项发现归功于一位名叫唐纳德·林登-贝尔的英国人。[21]1969年，他是皇家格林尼治天文台聘用的唯一一位理论天体物理学家，当时这座天文台已从遭受光污染的伦敦搬到乡下。那年他34岁，又高又瘦，出身于公立学校，并曾在剑桥就读。他是那种喜欢玩望远镜的孩子：自19世纪末，一架特劳顿＆西姆斯（Troughton & Simms）制造的3.5英寸（约9厘米）的黄铜折射望远镜就已经出现在他的家庭里。林登-贝尔小时候就曾利用这个望远镜来观察月球环形山和木星的卫星，但他最感兴趣的是其他星系，它们在折射望远镜的透镜中看起来就像是天上的一缕缕棉花。当他成年后，在他职业生涯的头十年，他试图弄清星系（尤其是像我们这样的旋涡星系）是如何聚集在一起的。

林登-贝尔住在离天文台约一个小时路程的村庄里，大多数时候，他都会和一位同事拼车。他们开车穿越白垩丘陵和荒地，谈论星系的起源以及恒星深处发生的元素演变。一路上，大多数日子里，林登-贝尔都会注意到A273公路的标志。它总是让他想起第一个类星体3C 273。

在日复一日地看到A273的路标之后，林登-贝尔想知道类星体燃烧时到底发生了什么。类星体通常距离我们数十亿光年远，这意味着它们的鼎盛时期是在数十亿年前。我们看不到近邻的类星体。它们去哪了？它们留下了什么？

林登-贝尔开始确立论点。如果类星体是一个正在进食的黑洞，那么当它死亡后，应该会留下一个饥饿的黑洞。此外，如果从早期宇宙中的类星体密度着手，对当前更大的宇宙进行统计，你会发现，从宇宙学角度来说，死亡的类星体应该在我们周围，很可能在像我们这样的旋涡星系的核中。

1970年，在加州理工学院进行一次长期访问时，林登-贝尔和一个年轻的澳大利亚人罗恩·埃克斯(Ron Ekers)将一对射电望远镜对准了银河系的中心，并寻找到了一个超大质量黑洞存在的间接证据——气体流正以无法解释的速度流向银河系中心。埃克斯和林登-贝尔将他们收集的信号转换成银河系中心的首张高分辨率射电图。他们在这张地图上发现了奇怪的辐射斑，[22]并怀疑其中一个斑点可能是一个巨型黑洞。但是因为没有更好的望远镜，他们的论点比较薄弱。

4年后，在2月的一个晴朗的夜晚，两位美国天文学家布鲁斯·巴利克(Bruce Balick)和鲍勃·布朗(Bob Brown)在西弗吉尼亚州绿岸一堤遍布着无叶橡树的山丘中度过，他们用更好的望远镜观测了银河系的中心。出于谨慎，在他们公布发现的论文中并未出现"黑洞"这个词语。[23]

私下里，天文学家们开始谈论"我们银河系中心的黑洞"。在正式的出版物中，他们更为谨慎。两位科学家建议他们将巴利克-布朗天体称为"GCCRS"，意为"银河系中心的致密射电源"。鲍勃·布朗决定想出更好的称呼，这不应该是一件困难的事情。这个斑点位于天空中被划分为人马座A的区域内。布朗研究了原子物理学，在该专业的符号中，星号(*)表示原子处于激发态。由于来自（疑似）黑洞的辐射正在"激发"附近的氢原子云，使它们发光，布朗借用了星号并将这个神秘的斑点称作人马座A*。

第五章

海斯塔克天文台
1992

　　谢普在艾伦·罗杰斯的实验室工作，并购买了他的第一辆汽车，那是一辆1985年棕褐色的丰田雄鹰（Toyota Tercel）。那是迟到的青春躁动，他开着车往返在剑桥和海斯塔克之间的高速公路上，花了很多时间研究他新加入的超级兄弟会的教义和宗旨。

　　多年来，罗杰斯一直在开发算法、磁带记录器和先进的信号处理设备（能适用于亚毫米光）。多方面的原因导致亚毫米光极具吸引力。望远镜的分辨率（即清晰度，或者说是区分远处两个天体的能力）取决于两个因素：望远镜的大小和它收集的光的频率。收集高频光的大型望远镜具有最高的分辨率。收集极高频射电光的大型VLBI可能会达到难以置信的分辨率。它清晰到可以看见超大质量黑洞周围的最内区域。

　　到1992年，大多数天文学家都接受了人马座A*是一个超大质量黑洞的观点，它是我们自己的隐秘类星体。接受这一观点花费了一定的时间。1974年，布鲁斯·巴利克和鲍勃·布朗发现了人马座A*。在其他天文学家收集到支持数据后，这一发现才有了重大的意义。首个重要证据出现在20世纪80年代中期，当时查尔斯·汤斯(Charles Townes)领导的一个团队使用红外望远镜跟踪穿过银河系中心的气体云，[1]并认为只有一些极重极小的物体的引力才能解释它们的行为。即使到了1992年，这个问题也没有得到解决。天文学家们在人马座A*附近发现了巨大的年轻恒星，而黑洞周围湍动而混乱的空间应该是最不适合新生恒星生长的地方。因此，一些人认为人马座A*不可能是黑洞。[2]尽管如此，像艾伦·罗杰斯和谢普·多尔曼这样的人相信，如果银河系中心没有隐藏着一个黑洞，那么它就隐藏了更为奇特的东西。

假设人马座A*是一个黑洞，那么就应该存在更大或者更近的黑洞。数以亿计的小黑洞像破坏球一样在星系周围冲撞。但是其中大多数都是不可见的，它们是在黑暗中游走的黑色的球。我们之所以可以看到超大质量黑洞，是因为它们吞吃了周围的东西，因此可以发光。但是，在人马座A*之外，最近的超大质量黑洞位于其他星系的中心。人马座A*尺寸巨大并且接近地球，因此它成为天空中最大的可见黑洞。但是从人类的角度来看，多层面纱掩盖了人马座A*。艾伦·罗杰斯的（现在是谢普的）目标是用高频VLBI穿透这些面纱。

第一层面纱是银道面，它位于地球与银河系中心之间，是由气体、尘埃和死去恒星的灰烬组成的一层平面。星际介质的迷雾使得从银河系中心发出的光在到达我们后减少到一亿分之一。只有射电波、X射线、伽马射线和几条近红外光才能穿透迷雾。如果我们的星球恰好位于银道面上方，像一个登山者俯视山谷那样低头观察银河系中心，那么来自银河系中心的光将淹没整个天空。然而，即使在地球上最黑暗的地方的最晴朗的夜晚，肉眼看到的银河系也是模糊的，就像解密一份编辑着精彩内容的文件。幸运的是，射电天文学家不必担心银道面的影响，因为就像手机信号穿过石膏板那样，射电波可以轻易地穿过银道面。

然而，下一层面纱是个问题。天文学家将之称为散射屏（scattering screen）。他们不知道它到底是什么。也许一颗正在爆发的恒星发出的激波穿过银河系中心附近的尘埃云，并搅动它们旋转，就像刚倒入的奶油在一杯咖啡中回旋一样。如果是这样，当来自人马座A*的光线穿过旋转的尘埃云时，部分光线偏离轨道，模糊了我们看到的图像。不管是什么原因，天文学家都可以预测散射屏对不同频率的光作用效果的强度。对于低频光，遮蔽效果呈指数级增强。没有什么比这更能扰乱可见光了，打一个比方，想象在磨砂淋浴门后看到两只大小相同的橡皮鸭，一只是红色的，另一只是蓝色的。红光的频率低于蓝光。如果那扇淋浴门的作用效果就像是掩盖人马座A*的散射屏一样，那么红色橡皮鸭看起来将会像是一团模糊的斑点，比同样大小的蓝色橡皮鸭大了十倍。多年的研究表明，在最高频率下，散射屏将变得透明。

高频射电光也可能穿透第三层面纱，即围绕黑洞的热大气。这是黑洞发光的唯一原因。但是外层面纱掩盖了核区的闪光。这是最后一层阻碍。低频射电光来自外层，较高频率的射电光则更靠近中心。到目前为止，天文学家所了解的一切信息都表明，最高频率的射电波（即为微波波段）是从黑洞本身的边缘射出的。

问题在于这些内层的大气是否是透明的。如果它是不透明的，那么天文学家可以尽可能观测到靠近视界面的地方，但是他们所看到的只是一个火球。相反，如果大气变得透明，他们也许可以一直向内看去。谁知道他们在那儿会发现什么。

＊＊＊

在当时，发明VLBI的人还不知道他们开发了一种可以观测黑洞的技术。他们曾想了解是什么力量搅动了类星体的中心，为此，他们需要能想到的最大的望远镜。

天文学家使用度、角分、角秒这些角度单位来划分天空。这些单位就像时钟上的间隔那样运作：在1角分中有60角秒，依此类推。最敏锐的一对人眼可以分辨五分之三英里外，相距约十二英寸的物体（等同于966米外相距0.3米的物体）。换算成角度单位，它比一角分多一点。最好的光学望远镜的分辨极限约为1角秒，相当于能分辨在月球距离上相隔约2千米的物体。第一台射电望远镜的分辨极限为30度，这等同于你在夜空中挥手，然后说："射电波来自那里。"

那架望远镜是卡尔·古特·央斯基（Karl Guthe Jansky）发明的，[3]他是新泽西州霍姆德尔市贝尔实验室的一名实验物理学家。那是1930年，他的任务是寻找跨大西洋电话中的噪声源，当时那个噪声源以射电波的形式传播到整个海洋。如果他能弄清楚噪声来自哪个方向，贝尔实验室的工程师就可以将天线指向远离噪声源的方向。因此，央斯基在霍姆德尔的一块田地里建造了一种仪器，它看起来就像一个一百英尺长、尚未完工的脚手架。整个装置在四个T形车轮上旋转。于1930年末，央斯基开始用这个"旋转木马"研究天空，到1932年1月，他知道自己陷入了一个谜团：那是"一个非常稳定的连续干扰源，[4]'静态'一词不太适合它，"他写道，"它每隔24小时就会出现一次。"

在那年余下的时间里，他记录并仔细研究了这种干扰。几个月过去了，纳粹控制了国会大厦，苏联爆发了饥荒，沙尘暴①的第一场风暴开始了。农民起义，工人罢工，骚乱爆发。查尔斯·林德伯格（Charles Lindbergh）的儿子在距离央斯基望远镜不远的地方被绑架，数周后被发现死亡。总而言之，那不是一个好年头。但是好事正发生在央斯基的职业生涯中。到12月时，他已经解决了这个问题。通过监听季节性变化的嘶嘶声，耐心地排除可能产生噪音的原因（例如，他注意到8月31日的日偏食对嘶嘶声没有影

---

① 指的是20世纪30年代美国的沙尘暴。

响，这意味着太阳不是产生噪声的原因），他发现其中一些干扰来自附近和遥远的雷暴。但他还发现，源自银河系死区中心的射电波在天空中噼啪作响。他称其为"星噪"。

《纽约时报》于1933年5月5日报道了央斯基的发现。[5]新闻标题上写道："新的射电波来源于银河系的中心。"没有人知道是什么产生了它。每个人都以为太阳将是天空中最重要的射电波源。然而，央斯基发现了一个来自星系核的看不见的"间歇喷泉"。《泰晤士报》确信："没有任何迹象表明这些银河系射电波构成某种星际信号，或者它们是某种智慧生命试图进行星际通信的产物。"

尽管央斯基没有发现人马座A*，但是他发现了产生很强辐射的一大团致密物质，它填满银河系内部区域并向四周产生辐射。尽管这项发现是具有里程碑意义的，但对当时的天文学家来说，央斯基的发现并不具有利用价值。这是因为他那简陋的"望远镜"收集到的线索太模糊了，他们无法继续追寻。

来自伊利诺伊州惠顿的一名业余爱好者接手了央斯基的工作。他是格罗特·雷伯（Grote Reber），[6]一名典型的美国修补工匠，也是一位业余射电爱好者。20世纪30年代后期，他在公共图书馆自学了光学，并挪用了一名普通的年轻单身汉可能会花在汽车上的钱，在他母亲的后院里建造了世界上第一台抛物线射电望远镜。抛物线射电望远镜是巨大的、标志性的碟形天线，由于它们能比央斯基使用的裸露天线更好地收集和聚焦射电光，因此它们的出现是射电天文学向前迈出的重要一步。雷伯的天线与其说像现代的射电望远镜，不如说更像一个农具。它的直径为31英尺（约9.4米），由一个用铁丝网串起来的木质框架组成。[7]尽管如此，它仍然比央斯基的天线要精确得多。雷伯用它制作了射电辐射轮廓图，这些射电辐射来自太阳、银河系以及遥远的天鹅座和仙后座中的一些源（几十年后被称为类星体）。

当人们开始认真考虑使用射电望远镜研究天空时，他们便意识到，如果想要做出任何有意义的工作，他们需要使用不切实际的庞大天线。观测到的光的频率越低，望远镜就必须越大，才能分辨出在天空中靠得很近的天体。由于射电波的频率是可见光的数百万到数十亿分之一，射电望远镜必须比光学望远镜大得多。这就是天文学家将目光转向干涉测量的原因。

为了建造一个射电干涉仪，天文学家会使用两个或更多的射电望远镜，用它们同时进行观测，并把它们收集的数据结合起来。这些望远镜加在一起，可以达到一个直径相当于两个望远镜之间距离的单天线望远镜的分辨率。这项技术被称为干涉测量法。当来自不同望远镜的射电波组合在一起时，它们会相互干涉。如果波同相位（即，波峰和波谷都彼此对齐），它们会产生更强的波，也就是正干涉。如果波反相位，它们会互相抵消，也就是负干涉。正干涉会放大信号，负干涉可以消除噪声。

在20世纪40年代后期，通过将天线放在海崖上并收集从海上反冲的射电波，澳大利亚的天文学家制造了首个射电干涉仪。[8]几年后，由马丁·赖尔（Martin Ryle）[9]领导的剑桥大学的天文学家将相距几百米的天线用导线连接在一起。天线之间的距离被称为基线。基线越长，分辨率越高。当基线太长，无法用导线连接它们时，天文学家们尝试在望远镜之间发射微波。这个想法成功了，但微波信号至多仅能到达几百千米外。

截止到20世纪60年代初，加州理工学院的科学家已经建造了一个射电干涉仪。它的分辨率为5角秒，能从地球上看到太阳直径的四十分之一。这是一个进步，但远远没有达到研究类星体核所需的标准。这项工作需要一个横跨大洲的射电干涉仪。建造这样一个仪器的唯一方法是记录在每个站点收集的数据，将这些记录发送到中央位置，以完全相同的速率回放，并记录新合成的信号，用以模仿一个实际的洲际望远镜的产出。

在20世纪60年代初，苏联科学家提出了这种做法。但是，为了在每个望远镜上足够精准地记录数据，并在之后将它们合并到一起，他们需要当时还不存在的高速磁带记录器和超精确的时钟。这项技术在20世纪60年代中期首次出现在西方国家，很快，艾伦·罗杰斯、伯尼·伯克和海斯塔克的其他人便与另外两个北美团队竞赛，进行了第一个磁带记录器干涉仪实验。1967年，他们都获得了成功。[10] 到1969年，天文学家们在瑞典和澳大利亚之间1万千米以上的基线上进行了一次观测，[11] 这大约是地球的几何形状所允许的最远距离。以前称呼这种新方法的名字（长基线干涉法）已经不再适用了。从那之后，这项技术就获得了一个沿用至今的新名字：甚长基线干涉法。

不久之后，天文学家们意识到他们可以使用 VLBI 研究地球。当两个望远镜相距数千英里时，来自同一天体的光到达这些望远镜的时间将存在微小的不同。测量这种差异可以使得两个望远镜之间的距离计算精确到毫米。由于类星体离地球太远，从我们的角度来看，类星体基本上不会移动，因此它们可以作为天空上固定的参考点。在几年的过程中，天文学家可以使用同一对望远镜数十次观测同一类星体。如果望远镜之间的时间延迟随时间变化，他们就会知道这不是类星体的移动导致的，而是望远镜的移动造成的。这意味着各大洲都在移动。这就是 VLBI 是如何为板块构造理论提供支持证据的。物理学家沃纳·伊斯雷尔写道："黑洞的历史和大陆漂移之间存在奇怪的相似之处。到 1916 年，支持这两种想法的证据都已经变得不可忽视，但由于近乎无理的抵制，半个世纪以来，两种观点一直裹足不前。"一种奇怪的、使用过时的首字母缩略词称呼的天文技术迫使科学家们接受了这两种观点。

* * *

谢普的培训开始于海斯塔克的相关器工作室，这是一个很大但没有窗户的空间，悬挂着天花板和荧光灯，在这里，一台专用的超级计算机(可能是地球上仅有的三台此类机器之一)将在不同望远镜上收集到的信号进行合并。相关器本身是一排冰箱大小的柜子，排列在一堵墙上。一些柜子里展示着安置在播放磁头上的轮胎大小的磁带。相关器工程师可以像DJ一样，一盘一盘地旋转这些磁带，一起播放它们，并记录下合成后的信号，做成一个新的母版。在输入正确的情况下，相关器将消除磁带之间的差异，预期不同观测站之间纳秒级别的时间延迟，补偿地球摆动和旋转中与纬度有关的细微差别，消除一些误导性的多普勒频移，这是由给定天文台朝向或远离光源旋转的速度导致的，当然，这个速度取决于地球本身的自转。

谢普在这个房间里开始学习VLBI的使用方法和技巧。在这些数据记录器和播放磁头上，他练习让磁带在皮带轮和弹簧绞盘组成的迷宫中穿行。负责相关器室的迈克·蒂图斯和其他资深的磁带处理人员教了他一些技巧。当把磁带从一个卷盘卷到另一个卷盘上时，如果你恰好将卷盘转了转，同时让收带盘带上一点静电，那么你可以用另一只手抓住磁带，将其缠绕在钩子上，开始旋转卷盘，让空卷盘上的静电吸住磁带的末端，然后猛地关上真空室的门。机器将开启，真空将拉紧磁带，然后卷盘将开始旋转。

在谢普开始工作的那个春天，他第一次体验野外考察。在一次实验性的观测中，他被派往五大学射电天文台（Five College Radio Astronomy Observatory），它位于海斯塔克东南约70英里（约113千米）处，一个伸入夸宾水库、覆盖着森林的半岛上。位于马萨诸塞州的夸宾水库始建于1936年，是通过在斯威夫特河筑坝形成的。它启发了 H. P. 洛夫克拉夫特（H. P. Lovecraft）创作短篇小说

《来自群星的色彩》(*The Colour Out of Space*)[12]。在这部作品里，一位来自波士顿的勘测员考察了一个偏僻的山谷，这个山谷位于虚构的小镇阿卡姆的西边。通过勘测员与当地人的对话，再现了一个从天而降的灾难故事。故事是这样的，陨石撞击了山谷，释放出一种使糖枫林变成荒野的宇宙诱变剂，感染了山谷的农作物和牲畜，使居民精神错乱，甚至死亡。灾难的动因是某种奇异的外来物种，它的特征是一种"几乎无法描述的颜色；只是通过类推，他们才称它为色彩"。事实证明，这是一个不错的方法，可以用来想象谢普到这个水库收集的射电光的颜色。

天文台非常孤立，无法自如地进出。在观测的夜晚，谢普熬夜到黎明，每两个小时更换一次巨大的磁带卷盘。每天他都会跪在氢原子钟(一个中央空调单元机大小的金属盒)旁边，把牙医的镜子伸到一个小开口中，寻找振荡的氢原子发出的紫红色的光芒。这种光芒给原子钟打着固定不变的节拍。只有在所有站点使用的原子钟都非常精确、完全同步时，接下来才能合并望远镜的信号。

这份工作很多时候是处在那种瓦尔登湖式的无聊当中，偶尔会有一些突增的短暂压力：例如，当望远镜按照紧凑而固定的时间表从一个类星体扫向另一个类星体时，谢普需要把这个过程中拍摄的磁带拼接在一起。这项工作很适合他。追寻遥远而奇特的现象需要付出艰苦的智力和体力劳动，它也将带来有趣的旅行和纯粹的孤独。

一年后，谢普第一次接触人马座A*。他的导师计划开展一次观测，在3毫米的波长上观测银河系中心，这是朝亚毫米阈值迈出的又一步。这次观测决定了谢普接下来两个半月的生活节奏。每年只有几周的时间，在北半球可以观测到人马座A*，而且天气有可能变得适宜观测。适合观测的时间出现在3月下旬和4月初。对于谢普以及所有其他愿意加入的人来说，早春成为朝圣的时节。那年春天，在他们将磁带用卡车运回海斯塔克天文台的相关器室之后，迈克·蒂图斯在这里合成了他们收集的信号。他们可以充满信心地说，人马座A*的引力核很小，因此它一定是一个黑洞。

第六章

马萨诸塞州，剑桥，哈佛广场

1995年6月8日

谢普的全家都来到波士顿参加他的毕业典礼，甚至他的亲生父亲艾伦也到场了。在毕业典礼那天，谢普带领他的这些家人穿过哈佛广场时，来到一间书店拿他的博士帽。谢普、他的母亲和外婆娜娜(Nana)在书店里闲逛，这时谢普停止思考当天需要做的事情。取而代之的是，他假装在看书，其实正看着一个女孩。他们站在一张矮桌的两侧，桌上堆满了新的平装书、书店精选的书籍，或者其他类似的书。这并不重要，因为在他们相互接近的过程中，这些书仅仅充当着"导航媒介"的作用而已。

"所以，"谢普问她，"我应该买什么书？"

她的名字叫艾丽莎·韦茨曼(Elissa Weitzman)。她皮肤白皙，乌黑的头发爆炸般卷曲。她正在为一位哈佛大学本科毕业的堂兄挑选礼物。她有一双不起眼的小眼睛，但她觉得谢普很可爱，她

黑洞之影

甚至觉得他倒霉的开场白也很迷人。

他们还没有进行到彼此互相询问哪个专业的剑桥仪式的时候，一位布鲁克林口音的老妇人就抓住谢普的肩膀，将他拉到门口。"谢普，我们走吧，你的毕业典礼马上就会开始，我们要迟到了!"谢普的妈妈比外婆对这些事情更有判断力，她以一种大到使店里每个人都感到尴尬的音量，和谢普的外婆"私语"："妈妈，您看不到这里发生了什么吗？让他留下来。"她留给他们足够的时间来交换电话号码。

艾丽莎对于恋爱初期的记忆是那些歇斯底里、毫无意义的笑声。他们捧腹大笑，笑到最后他们会忘记自己为什么发笑。他们有很多共同点。他们都是或多或少不务实的犹太人，而且他们都拥有怪异而速成的童年。艾丽莎在纽约州北部的尤蒂卡附近长大，她是一对中产阶级父母最小的女儿，他们的祖先在几代人之前从俄罗斯和立陶宛来到美国。当她提前两年高中毕业时，她的辅导员不确定她应该做什么，但是她非常确定她不应该申请任何常春藤联盟的学校，因此她参加了耶路撒冷的一个国际项目。当她回家后，她用绿色墨水亲手填写了布兰迪斯大学的提前录取申请。她一个朋友的姐姐去过那里。这是她申请的唯一一所学校。

像谢普一样，艾丽莎是一位年轻的科学家，她的工作也十分重要。她是一名流行病学田野工作者。她于20世纪90年代初加入美国国际开发署，在海地和玻利维亚的贫民窟从事公共卫生工作。回到美国后，她去了波士顿的一家公共政策研究公司——雅培联合公司（Abt Associates）工作，并前往美国各地的贫困社区，为吸毒者和性工作者提供避孕套和艾滋病病毒检测方面的咨询。

在短短的几个月内，谢普和艾丽莎便基于彼此的情况做出了职业选择。谢普本来得到了一份在日本的工作，但艾丽莎不能去，因为她已经在哈佛大学公共卫生学院开始了博士项目。因此谢普在海斯塔克谋求了一份为期一年的职位，但并不能保证这份工作将来会变成固定职位。一年结束后，他必须申请保留自己的工作。但是他满怀热情地参加了高频VLBI任务，因此他一年的临时工作变成了三年的博士后职位。不久之后，他和艾丽莎就一起搬进了剑桥的一套公寓。

当1998年结束博士后职位时，谢普在海斯塔克谋取了全职研究科学家的固定工作。谢普接替艾伦·罗杰斯负责海斯塔克的高频VLBI研究工作。同年，他与艾丽莎结婚。他结束了多年的漂泊生活，停止了在不同实验室之间的辗转。大约在同一时间，谢普的同行们开始意识到他把握住了一个绝佳的机会。

亚利桑那州，图森

1998年9月7日

喜来登征服者酒店（Sheraton El Conquistador）是惯常采用西南风格的高尔夫度假胜地：灰泥墙、红色瓷砖的屋顶、平整的让人难以置信的绿草坪。61名科学家聚集在钻蓝色的天空下，举行

黑洞之影

了为期一周的会议，探讨银河系中心最内区的相关问题。

当天文学家聚集在一起分享他们对未知事物的最新见解时，就会形成一个等级体系。位于最上层的是研究时下热点的那些人。1998年中心秒差距（Central Parsecs）会议的明星是两个相互竞争的天文学团队，一个来自美国，另一个则来自德国，他们都专长于红外光的收集。这种辐射带的波长比裸眼能看到的极限还要长一点。就像射电波一样，它可以穿过阻碍我们看向银河系中心的尘埃屏障。自20世纪90年代初以来，天文学家们一直在使用这种光来跟踪人马座A*附近恒星的运动。那天早上，他们带来了奇迹的消息。

马克斯·普朗克地外物理研究所的赖因哈德·根策尔（Reinhard Genzel）和安德烈亚斯·埃卡特（Andreas Eckart）领导着德国的团组。一位33岁来自加利福尼亚大学洛杉矶分校的女教授安德里亚·格兹（Andrea Ghez）则代表了美国的团组。两组都使用了新的、高海拔、高精度的光学望远镜，并且都配备了调制到红外频率的照相机。这两台望远镜都装有柔性镜（flexible mirror），计算机控制的执行器每分钟调整数千次，使它能聚焦于暗源，否则这些暗源会因地球大气的波动而模糊到消失[①]。凭借这些设备，从1992年开始，根策尔和埃卡特对人马座A*周围1光日范围内的数十颗恒星进行了持续一年的拍摄。几年后，他们发现这些恒星

---

① 这个系统被称为自适应光学系统。

绕着小而暗的中心质量以大于每秒1000千米的速度运动。这个速度比距银河系中心稍远的恒星快十倍。

那天早上，研究小组展示了这项发现，并解释了蓝巨星是如何以每小时数百万千米的速度在人马座A*周围回旋的（就像行星围绕着一个不存在的太阳运动）[1]。这是迄今为止最好的证据，证明人马座A*只能是一个黑洞。

午餐后，轮到VLBI的专场了。他们在B名单上。海斯塔克和其他地方的人们正在朝着1毫米大关迈进，但这是一个难关，他们没有可以展示的引人注目的发现。他们继续啄着笼罩着人马座A*的面纱，试图看穿星际散射，希望借助适当的望远镜在正确的波长下工作，银河系中心的黑洞能够露出真面目。谢普和德国的射电天文学家托马斯·克里奇鲍姆正在为次年将进行的大规模的1毫米观测做准备。他们将离图森几个小时远、位于格雷厄姆山的一座天文台与欧洲的一些望远镜配对，看看它们是否至少能够探测到人马座A*。但这是一项开拓性的工作，如果能够实现，当天下午在征服者酒店会议室的大多数人都将会承认，他们可能需要新一代的天文台才能取得真正的突破。在夏威夷、加利福尼亚、墨西哥和智利正在建造新的望远镜，但这是一项长达数年、耗资数百万美元的项目，而且大多数都落后于计划。

在谢普和其他人提出他们最新得到的模糊而矛盾的结果之后，讨论像往常一样转向了那些新望远镜。托马斯·克里奇鲍姆告诉大家，由VLBI联合使用的一些新仪器应该能够一直看到人马

　　　　　　　　　　　　　　　　黑洞之影

座A*的事件视界。[2]克里奇鲍姆说："这意味着从原则上讲，在几年之内应该可以对黑洞周围或尽可能接近黑洞的区域进行成像。"

在对望远镜升级进行了一系列讨论之后，一位名叫海诺·法尔克的德国理论学家发表了讲话。他性格温柔，语速快且英语标准。他说："实际上，在这些高频上，我们正在接近黑洞。"

另一位天文学家请海诺阐明他的观点。

海诺回答说："在更高的分辨率下，在我们可以观测到的发射区内，会存在一个字面意义上的'黑洞'。"

这并不是说黑洞就像它字面意义上那样，看起来就是一个黑色的洞。当然，到了20世纪90年代后期，插画家已经制作出了大量猜想的黑洞艺术效果图，多到足以填满一个普通的大型博物馆。但是，没有人花太多时间来建立科学上精确的真实黑洞的光学外观模型，因为看到黑洞的机会似乎遥不可及。

詹姆斯·巴丁是一个例外。1973年，他发现，理论上，在适当的情况下（例如，如果黑洞在譬如恒星那样的大而亮的背景前通过），观测者可以看到黑洞的轮廓。当时巴丁还是耶鲁的一名年轻的物理学家，他试图摆脱父亲带给他的巨大阴影：他的父亲约翰是唯——位两次获得诺贝尔物理学奖的人。由于理论上的原因，年轻的巴丁正在研究描述光在黑洞附近运动的方程式。他发现，如果黑洞正巧从一颗(比如说)巨星前方通过，旁观者将看到一个黑色圆圈滑过恒星表面。"不幸的是，"巴丁总结说，"似乎没有希望观测到这种效应。"[3]

在那个10年的后期，法国物理学家让-皮埃尔·卢米涅（Jean-Pierre Luminet）做出一些类似的计算。[4]他没有考虑一个黑洞从外部光源的前面经过的情景，而是提出一个问题：如果黑洞被它自己的吸积盘发出的光照亮，那么它看起来会是什么样子。黑洞与任何正常天体的区别在于，黑洞没有反射光线的表面。卢米涅写道："是黑洞的引力场偏折了光线。""光线的轨迹不会因与表面的撞击而改变，而是会因受到引力场的影响而弯曲。"卢米涅发现，引力场的强度产生了奇异的、类似于哈哈镜的效果。想象一下熟悉的土星环的照片。环围绕整个行星，但你只能看到其中的一部分，即从前面经过的那一部分。卢米涅了解到，黑洞周围的盘看上去截然不同。"第一个意想不到的事情是，不论是在黑洞之前还是之后，环的上侧都是可见的，包括那些通常会被遮盖的地方……"他写道，"更令人惊讶的是，黑洞周围的时空弯曲使我们能够观测到环的下侧。这就是副像（secondary image）。这样就可以观测到吸积盘的上下两侧！"图像被引力透镜放大了。实际上，存在着"无限大的图像，因为盘发出的光线在逃离黑洞的引力场并被遥远的天文学家接收之前，可以绕黑洞传播任意次数"。卢米涅通过将打孔卡送入计算机进行了计算，然后他手工绘制了结果。他的黑白图像看起来像是对黑色土星的扭曲描绘，环形的吸积盘像太妃糖一样翘曲。卢米涅后来翻译了19世纪法国人热拉尔·德·奈瓦尔（Gérard de Nerval）的诗作《基督与橄榄》（ *Le Christ*

黑洞之影

aux Oliviers），[5]这篇诗作幻想了凝视黑洞的经历。

> 探寻着上帝的眼睛，我却只看到一条空眶
>
> 空荡、发黑、无底；居住其中的夜就是从里头
>
> 放出光芒照在世界上，并永远地变厚变稠；
>
> 一道奇异的彩虹围绕住这黑沉沉的井，
>
> 这古老混沌的门槛，虚无是它的阴影
>
> 螺旋之形，吞噬着一个个世界和时光！[①]

　　海诺·法尔克并不了解卢米涅的工作，但20世纪90年代初，当他在波恩大学读研究生时偶然发现了巴丁的计算，自此这些计算就被存放进他的脑海。在整个90年代，当射电天文学家们努力揭开掩盖人马座A*的面纱时，海诺在论文和报告中运用巴丁的方程式，展示了他们最终将会在那里找到什么。

　　在图森会议之后的第二年，海诺在亚利桑那大学担任客座教授，与专门研究人马座A*的弗尔维奥·梅利亚合作。 在20世纪90年代中期，梅利亚和一个名叫杰克·霍利伍德（Jack Hollywood）的学生就对黑洞的外观进行了自己的模拟。他们只是在做练习。从那时起，已经发生了足够多的变化，海诺、弗尔维奥和物理学家埃里克·阿戈尔（Eric Agol）决定看看是否真的能在现实中看到

---

① 翻译摘自余中先的幻象集中的《橄榄树下的基督》。

巴丁在文章中预测的人马座A*那种黑洞。

　　埃里克·阿戈尔已开发出一个名叫相对论光线追迹代码的计算机软件，它可以预测在受到引力透镜、光线弯曲、坐标系拖曳和其他极端相对论效应影响时光线的传播方式。通过这个代码，他们模拟了人马座A*在地球大小的高频VLBI阵列中的样子。这个软件预测，望远镜将看到与视界面形状相同，但比视界面大十倍的边界。在它的边缘，光线将被困在一个完整的圆圈中，形成一个发光的环。环内是一片黑暗。人马座A*应该会投射出一个"阴影"，即字面所说的黑洞。阴影的大小取决于黑洞的质量，[6]随着更好的测量结果的出现，天文学家不断对其进行修改，但粗略地说，黑洞的直径大约为5000万千米。对于地球上的我们来说，这就好比在看月球上的一个甜甜圈。这恰好在一个地球大小、观测波长约为1毫米的光的VLBI阵列的观测范围之内。

黑洞之影

发光气体　　视界

黑洞和绕
行气体的
实际位置

发光气体　　视界

阴影

黑洞和绕
行气体的
视位置

　　从地球上是否可以看到这个阴影取决于一系列环境条件。首先，尽管阻挡了波长稍长或稍短的光，地球大气层对黑洞边缘发出的光来说恰巧是透明的。接下来，散射屏障在那些频率下也变得透明。最终，在相同的频率下，黑洞周围的大气也（可能）变得透明。在以后的生活中，弗尔维奥·梅利亚将它与发生日全食的宇宙巧合相提并论。月亮的大小恰到好处，运行在合适的轨道上，与地球的距离也刚刚好，因此它有时会完全遮挡太阳。似乎在强调这些意想不到的联系，海诺、弗尔维奥和埃里克·阿戈尔预测黑洞之影看起来很像日全食。弗尔维奥不是宗教信仰者，但是这些巧合是如此不可思议，他不禁觉得黑洞之影注定要被看到。宇宙已经为人类看到它安排了最近的出口。

法尔克-梅利亚-阿戈尔三人组在2000年1月1日的《天体物理学期刊快报》上发表了他们的发现，[7]并且马克斯·普朗克研究所发布了新闻稿来庆祝此事。它宣称"第一张黑洞'阴影'的图片可能很快就会出现。"它写道："未来几年内可能会取得一些进展。"[8]

第七章

"稍有进展""接下来的几年",这些都是过于激动的公关人员的措辞。但是,在崭新的千禧年的头几年,在科学文献中,你会发现天文学家们谨慎地围绕着这个新猎物盘旋的迹象。《科学》杂志在2000年1月7日发表了一篇热情洋溢的文章,[1]描述了天文学家们如何接近银河系中心的黑洞。到2002年,谢普在论文和讲座中展示了一些图表,它们描绘了如何将地球大小的射电望远镜阵列集合在一起拍摄人马座A*的照片。那年,他和托马斯·克里奇鲍姆在亚利桑那州和西班牙获得了可以在2毫米波长下共同工作的望远镜,这是向追寻已久的1毫米大关迈出的一大步。CNN.com在新闻头条上写道:"新望远镜本身与地球一样大。"[2]

在2004年3月下旬一个星期五的晚上,在西弗吉尼亚州绿堤举办的庆祝人马座A*发现30周年的会议上,谢普、海诺和来自加利福尼亚大学伯克利分校的年轻天文学家杰夫·鲍尔发表了关于努力寻找黑洞之阴影的演讲。首先,杰夫播放了一套题目为"通往事件视界的路线图"的幻灯片。他对最近的成功充满信心,这是迄今为止他职业生涯中最大的一次成功：使用甚长基线阵列（一个遍布美国的固定的射电望远镜网络），他和一群合作者在7毫米波长下[3]（距离亚毫米大关还不够近，无法看到黑洞的边缘，但他们正向那里行进），透过遮蔽人马座A*的散射屏障看到了它。按照他的设想，到明年，他们可以将夏威夷、亚利桑那和智利的望远镜联合起来，然后逐年增加望远镜。到2009年，他们将拥有第一张黑洞的照片。接下来，海诺解释了为什么他们应该去解决所有这些麻烦。当然，他们可以让爱因斯坦的相对论接受新的、怪异的检验，但是他们也可以探索一些激进的、甚至是荒诞的想法。

并非所有人都认为人马座A*是一个黑洞。并非所有人都认为那里存在黑洞。有人认为人马座A*是一种被称为超大质量玻色子星的假想产物，它介于中子星和黑洞之间，被量子理论的规则阻止了坍缩，它没有固体表面，也没有事件视界或中心奇点。他们不确定一个超大质量玻色子星看起来会是什么样子，但是如果人马座A*实际上不是黑洞，当他们看到它的时候就知道了。

在海诺完成报告后，谢普起身谈论了将要进行的工作，这意义重大。射电天文学家有时会这样强调他们工作的难度：所有已经建成的射电望远镜收集到的光子（不包括太阳发射的光子）携带的能量太少，甚至都无法融化雪花。[4]为了弥补这种匮乏（也就是为了收集尽可能多的光子），天文学家会建造他们所能建造的最大的天线。世界上的大型射电望远镜都是惊人的创造。绿堤的罗伯特·C.伯德望远镜比圣保罗大教堂大120英尺（约36.6米）。但是像这样的望远镜不会用于高频工作。很少有望远镜能满足在最高频射电光下工作所需要的条件：它们需要足够平稳、精确，并且恰好位于合适的台址。

射电望远镜的碗状反射面上铺有金属板，每块金属板均按照严格的规格抛光。例如，要精确地反射1毫米光，金属板上必须不存在大于二十分之一毫米的隆起或划痕。有了充足的资金，你就可以制作出比它更光滑的巨型反射面。但是资金永远都不够。

高频射电光还带来了其他挑战。望远镜的分辨率越高，就必须越准确地瞄准（"指向"）它的目标。精确度不是那种要非常小心地转动旋钮和转盘的问题。为了旋转和操纵庞大仪器而建造的总价数百万美元的机电设备必须经过精心设计，以具有更高的精度。达到这种精度需要花费高昂的资金，因此大多数望远镜都不具备。大天线在旋转和倾斜时也会变形，因为它们有点松软。它们还会根据一天中的温度和时间膨胀、收缩和变形。你可以安装成千上万的可独立调节的、由计算机控制的执行器，这些执行器可以连续调节每个金属板，使望远镜始终处于聚焦状态，但是，同样的，它们费用高昂。由于所有这些原因，在毫米/亚毫米范围内工作的射电望远镜往往很小，直径只有六米、八米或十米。

假设金钱不是问题。你可能要花费数百万美元来升级现有的望远镜阵列（例如，甚长基线干涉阵列）中每个天线的表面、镜子、接收器以及机电控制装置，但它仍然无法在最高频率的射电波下工作，因为这些天线并没有被建造在合适的台址。地球表面不适合收集宇宙微波，因为它们容易被大气中的水蒸气吸收或散射。在足够低的频率下，射电天文学家几乎可以在雨中观测。高频射电望远镜必须尽可能建在最高、最干燥的地方。在这个星球上，适宜的台址比你所能想到的还要少。高频射电望远镜的适宜台址应该位于一个需要应急氧气罐的地方。但是它应该足够平坦，可以容纳像曼哈顿公寓楼那样大小的建筑。你不可能攀登冰坡，因此无论环境多么险恶，都应该存在一条通往山顶的道路。台站还必须处在一个还算和平友好的国家或者地域，可以给那里运送装有技术和政治敏感设备的货物：举个例子，美国政府仍控制着氢脉泽原子钟（hydrogen-maser atomic clock）的出口。

到 2004 年，位于夏威夷、智利和墨西哥的那些我们期待已久的高频天文台已接近竣工，但它们还不能进行观测。并且当它们已经完工后，它们仍然没有做好观测的准备，因为它们还没有进行甚长基线干涉测量所需的仪器。升级清单因望远镜而异，但总的来说，每个站点都需要原子钟、新的信号处理设备、正在设计中的数据记录器，以及用于安装这些新设备的"侵入性手术"。所有这些工作将花费数百万美元，并且需要持续数月甚至数年的工作。

但是，谢普告诉大家，一种技术性质的力量即将介入，那就是摩尔定律。它以计算先驱戈登·摩尔（Gordon Moore）的名字命名，认为集成电路的密度每两年翻一番；换句话说，计算机将变得越来越便宜，功能也越来越强大。谢普打赌iPod背后同样持续不断的技术进步将改变高频射电天文学。

摩尔定律不会加快这些新天文台的建设，也不会将10米的天线变成100米。但是它创造了一种解决方法。在天文学中，最重要的事情是收集尽可能多的光子。这就是为什么大天线比小天线更灵敏的原因：它们能看到比小天线更暗的物体，因为它们具有更大的原始收集能力和更多的"钢材"[①]。你可以通过长时间"积分"来提高小天线的灵敏度，这等同于在昏暗的光线下将快门打开拍摄长曝光的照片。但是高频射电光很容易受到地球大气层微小波动的影响，长时间的积分就像试图通过一池旋动的水拍摄长曝光人像一样。摩尔定律将有助于引入价格适中、功能强大的现成的微处理器和硬盘驱动器，可以替代老旧的手制信号处理设备和缓慢而繁琐的磁带盘。谢普认为，更快的处理器和更高容量的记录器将增加这些较小天线的带宽，使他们可以快速采样并记录更宽的光频范围，从而达到看到人马座A*所需的灵敏度。

* * *

在那些新的数字信号处理器和高速数据记录仪问世前后，谢普受到了强烈的触动。几年前，哈佛大学-史密森天体物理学中心

---

① 意指面积更大。

的一名研究生沈志强①用甚长基线阵列观测了人马座A*。后来发表在《自然》（Nature）上的研究结果是不错的：5沈和他的合作者比以往任何时候都更深入地了解了人马座A*。《纽约时报》在头条上宣布了这些结果，6"天文学家说他们即将看到黑洞的边缘"。在此之前，谢普一直在暗中安静地、未经审批地参与首段赛跑。现在泛光灯亮起来了。正如《纽约时报》指出的那样，也正如谢普所知，需要使用新的高频望远镜才能看到黑洞的阴影。它们不像头条新闻所说的那样接近。但是，是时候开始行动了。

　　在没有完全意识到自己在做什么的情况下，谢普开始组建一个团队。乔纳森·温特鲁布是招到的第一位工作人员。乔纳森曾在史密森天体物理天文台工作，这座天文台是哈佛-史密森天体物理中心的一部分，位于哈佛广场以西的天文台山上，由古老的学术大厅和校园扩建结构组成。和大多数射电天文学家一样，乔纳森的办公室也在康科德大道上的一栋爬满常春藤的砖砌建筑里，它是由天体物理中心从隔壁的圣彼得教区（St. Peter's Parish）租借的。他的工作是维持亚毫米阵列，这是一个建在夏威夷莫纳克亚山山顶的高频射电天文台，它的设计目标是将分辨率提高到当时同类望远镜的30倍。乔纳森当时40岁出头，长得像一头长毛绒熊，拥有一头柔软的卷发，举止随意，有点像海滩边上的人。大家都叫他约诺（Jono）。他操着优雅的口音，大多数人很难从口

_____

① 现为中国科学院上海天文台台长。

音上把他和英国人区别开来。他待人友好，热情好客，但有时也会直言不讳。当他和家人搬到波士顿郊区时，一位邻居提议他们找个时间去喝杯啤酒。乔纳森说，不，我对社交不感兴趣。

1986年，乔纳森为了合法地逃避兵役而离开了南非。他一生都住在坎普斯湾的一幢房子里，位于开普敦的一个富裕的海滨郊区，他并不愿意离开南非。但他刚刚取得了工程学硕士学位，这意味着他已经没有了推迟服兵役的正当理由。他试图去一个陆军研究实验室，然而，他被命令加入步兵。乔纳森预见自己可能会被派往一个群居区，被命令射杀那里的居民，于是他飞往纽约。如果他定期写信证明他住在国外，他就可以在一个更加和平的时间回国，并且不用承担任何法律后果。

到达美国后，乔纳森在新罕布什尔州的一家公司工作，这家公司生产用于商业船舶的海底测绘声呐。他在木枢里感到孤独，因此开始在波士顿找工作。不久之后，乔纳森间接地结识了哈佛电气工程教授保罗·霍洛维茨(Paul Horowitz)手下的一名博士生。霍洛维茨对制造用于探测地外生命通信的仪器很感兴趣，就这样乔纳森设法让自己跨入了天文学家的行业。谢普打来电话时，乔纳森刚刚完成了亚毫米阵列相关器的建造，它能将望远镜的8个天线捕捉到的信号进行合并。完成这项工作后，他开始寻找一个新的项目。

谢普和乔纳森有着截然不同的性格和工作风格。谢普紧紧地蜷成一团，神经紧绷。他总是会癫狂地工作，常常通宵达旦。他从一个任务跳到另一个任务，就像一只啄木鸟在树林中飞舞，把脑袋撞向视野里的物体。乔纳森沉着冷静、从容慎重、有条不紊，具有训练有素的工程师的技能。

在康科德大道上乔纳森办公室对面的大楼里，谢普从天体物理学家那里得到了帮助，他们正用新颖的理论和新掌握的超级计算机构建人马座A*的详细模型。其中一位学者是拉梅什·纳拉扬（Ramesh Narayan），他是一位学识渊博的研究员，也在研究黑洞吸积，也就是黑洞怎样进食，以及它们的进食如何影响周围的宇宙。1997年，他提出了一个假说来解释人马座A*最大的谜团之一——它的昏暗。银河系中心充满了气体、尘埃和恒星。其中心存在的巨大黑洞会不可避免地持续吞吃这些物质，这将使它比以前更加明亮。没有人期望人马座A*看起来像一个类星体。但它仅有一般恒星的亮度，而理论认为它比现在至少应该亮一万倍。纳拉扬认为，人马座A*的低光度是它必须是一个黑洞的另一个原因：人们期望看到的几乎所有以光的形式发出的能量都流向黑洞，消失在事件视界之后。[7]

纳拉扬吸引了一大批才华横溢的研究生和博士后，他们中的许多人最终加入了谢普的任务，包括了查尔斯·甘米（Charles Gammie）、迪米特里奥斯·普萨尔蒂斯和费亚尔·奥泽尔。在走廊的另外一侧，在阿维·勒布（Avi Loeb）新成立的理论与计算研究所中，一位名叫艾弗里·布罗德里克的博士后正在构建模型，用来解释人马座A*为何并不处于半休眠状态，而是正在发生变化。

新的望远镜捕捉到红外线和X射线的明亮闪光，有些只持续几秒钟，它们似乎来自黑洞的边缘。

艾弗里和阿维用计算机模拟来解释这些耀发。他们怀疑，围绕着黑洞旋转的过热物质正在爆发成"热斑"，[8]这些团块会在解体前围绕黑洞旋转数圈。当热斑环绕黑洞时，会发出X射线。这些热斑的运行速度快得令人惊讶。它们可能在短短4分钟内就能绕人马座A*走过约4000万千米长的一圈，这表明时空本身就在绕着黑洞旋动，也就是说坐标系拖曳效应正在发挥作用。为了检验这些想法，艾弗里和阿维给超级计算机编程来绘制它们的图像。

模拟黑洞吸积就像模拟地狱里的天气。当引力变得极端时，爱因斯坦的方程就会转移。因为，正如爱因斯坦所说，质量是能量的另一种形式，能量就像质量一样弯曲空间。还有什么是能量呢？引力本身是。没错，引力产生更多的引力。预测这样一个系统的行为是一个数学难题。但是更好的计算机和新的方法使事情变得更加简单。当艾弗里和阿维进行模拟时，他们的电脑绘制了一幅就像从一个疯狂的万花筒中看到的复杂场景。发光团块围绕着黑洞旋转并被透镜化。艾弗里和阿维认为，如果天文学家们能近距离观测人马座A*，他们就能看到一个闪烁、搅动着的物质和能量的大旋涡正从宇宙中流走。可以想见，如果望远镜足够好，天文学家们就可以快速拍摄一组图像，然后制作成一个电影。

一天，在阿维铺着长毛绒地毯的天体物理中心的办公室里，艾弗里和阿维向谢普解释了这一切。谢普反过来告诉他们，他打算去做这件非同寻常的事情。艾弗里的身材大约是谢普的两倍，他是一位亲切友好的大个子，皮肤白皙，长着雀斑，扎着一条长长的棕色马尾。当他们坐下来交谈时，谢普变得异常兴奋，艾弗里心想，这家伙说得好像有很多工作要做，但人们一直在建造全球望远镜阵列。为什么还没有人这样做呢？

通往人马座A*的最短路径始于莫纳克亚山的顶峰。那里有三台高频射电望远镜，谢普想用其中的一台观测人马座A*，他想在未曾涉足的1.3毫米波长上进行观测，这很接近神奇的1毫米临界值，从而穿透那层面纱。其中最令人向往的是亚毫米阵列（简称为SMA），但在它可以进行VLBI之前，它仍然需要一些改进工作。谢普本可以将他的第一次尝试推迟一两年，在SMA第一次建成的时候使用。但是谢普不愿意等。第二个选择是詹姆斯·克拉克·麦克斯韦望远镜，它是亚毫米波阵列旁边的一个大型单天线望远镜。第三个选择距离遥远，是比较古老的加州理工学院亚毫米波天文台。

谢普和他的团队在加州理工学院的亚毫米波天文台获取了观测时间。他们的合作伙伴在亚利桑那州格雷厄姆山的海因里希·赫兹望远镜工作。在第一个晴朗的夜晚，当银河系上升到足够高出太平洋地平线时，他们和他们在格雷厄姆山的合作者启动了一个预先写好的望远镜命令序列，相隔8000千米的两个银色天线悄然同步运作，追逐着人马座A*的轨迹划过夜空。

几个晚上之后，他们将设备装箱整理，飞回波士顿。观测似乎进行得很顺利，但直到数据被关联起来才能知道最终结果如何。VLBI中的每一个望远镜也只是复眼中的定位节点。在任何时候，他们都可以查看监视器并确认他们的节点正在工作。但要分辨这个源则需要用到整个复眼。如果由于各种各样的原因，在不同节点上收集到的光不能被关联成一张合成照片，那么他们将什么都看不到。

回到海斯塔克，他们花了3个月的时间试图将夏威夷和亚利桑那州的记录进行关联。如果他们使用三台望远镜而不是两台，那事情就变得容易多了。有了三台望远镜，就有可能通过排除法来发现问题。如果夏威夷和亚利桑那州不相关，但亚利桑那州和加利福尼亚州相关，那么问题就出在夏威夷。而使用两个望远镜，就只能靠猜测了。

他们进行了很多猜测。直到有人拆除了夏威夷望远镜上的接收器，他们才知道电路板上的一个部件坏了，这导致整个观测失败。

* * *

谢普和艾丽莎现在有了两个蹒跚学步的孩子，一个女孩和一个男孩。艾丽莎发现，如果不外包一些育儿工作，一个家庭不可能有两个经常飞来飞去、事业有成的家长。他们附近没有家庭可以帮忙照看小孩，而艾丽莎也是一个不愿让其他人照看孩子的母亲。在哈佛和麻省理工学院这两个野心农场中，艾丽莎见过很多破碎的家庭，所以她努力做着她不得不做的事。有一次，她晚上赶路旅行归来，儿子告诉她："妈妈，你走后，我过的每一天的每一分钟都像摄魂怪在哈利·波特的妈妈被害时来找他那样。"对她来说也是如此。不管对她的职业生涯有什么影响，她都会尽量减少出差。谢普本来就告诉她不要为了他做出任何牺牲，但她从来没有执行过谢普的决定。这正是她需要做的，这让她感到完整。

当她和谢普刚在一起的时候，她妈妈问了一个关于女儿新男友职业的问题："这很重要吗？"艾丽莎笑了笑，并不作答。她不会质疑科学研究的一个主要分支的有效性。在他们的第一次约会中，谢普向她说明每个星系如何围绕一个巨大的黑洞旋转，其中一些黑洞和我们的太阳系一样大；他旋转双手来演示吸积盘流，然后将一根手指指向天花板，另一根手指指向地板，展示了有些黑洞从南北极以接近光速喷射出物质喷流（它的产生机制是最大的谜团之一），这个过程将物质在整个宇宙重新分配。艾丽莎耸了耸肩。我猜这很有趣吧？

她懂得这项工作的浪漫之处。在孩子出生之前，她跟着谢普去了很多地方进行观测。在亚利桑那州的一个周末，当海因里希·赫兹望远镜天文台里的所有床位都被占走后，他们睡在了山顶对面梵蒂冈的寄宿处。通常情况下，这处住所是为使用这台高新技术望远镜（Advanced Technology Telescope）的神职人员和科学家准备的。1891年，为了表明"教会和她的牧师们并不反对真实可靠的科学，无论它们属于人类还是上帝"，⁹梵蒂冈在意大利建立了一个天文台。一个世纪之后，违背了阿帕奇土著人认为此处是圣地的意愿，在环保人士关心的濒危格雷厄姆山红松鼠的抗议中，梵蒂冈加入了海因里希·赫兹望远镜背后的大学和科学机构的联合会，并建设了他们自己的仪器。每天早上，谢普和艾丽莎会和耶稣会的人谈论上帝和宇宙，耶稣会的人会给他们做早餐，还会给他们做浓缩咖啡。当夜幕降临，四处一片漆黑。手电筒和前灯被禁止使用，因为它们会干扰望远镜。那一周，一只美洲狮在山顶徘徊。如果要从一栋楼走到另一栋楼，人们必须聚集在一起，摸黑前进，拍手叫喊，把那只大猫吓跑。顶级掠食者带来的突然死亡的概率增加了冒险的感觉。

就这样，她明白了。当她开始学习的时候，她发现几乎所有的事情都是有趣的。但是她对天文学的接触是通过谢普来进行的，所以她从社会的角度来看待整个行业，她比谢普更早地意识到这个领域有黑暗的一面。这种认知是分阶段产生的。有一次，她和谢普一起去得克萨斯州圣安东尼奥参加一个大型天文学会议，在那里她注意到了一些事情。第一，没有女性参加。第二，她是唯一一个提问的人。有一次，她试图与一桌年轻的天文学家们交谈。你现在在研究什么？她会问。

我建立了中子星吸积的数值模型。
我研究宇宙微波背景的温度起伏。

黑洞之影

我对再电离时期和宇宙结构的大尺度分布很感兴趣。

艾丽莎会说，好吧，但你期望发现什么？在她的印象里，在他们职业生涯的这个阶段中，这些人专注于工作的原理，而忘记了是什么让他们对这个领域产生了兴趣。她得到的最清楚的答案来自一位年轻的天文学家，他果断地回答："我想知道时间是从什么时候开始的！"这与她自己的领域形成了鲜明的对比。那个时候，她在城市间穿梭，参加住家项目的干预会议，看着妓女们互相教对方给毫无防备心的嫖客使用安全套。

在天文台，艾丽莎的坦诚让她成了一名优秀的顾问和实地考察工作者。她能让那些她几乎不认识的、压力过大、睡眠不足的人深夜自白。在她曾去过的每台望远镜上，她都觉得自己像个常驻心理医生。她有时会看到她的潜在患者状态不佳。举个例子，一天黎明刚过，在库宾天文台，谢普和其他几个人就开始争论要不要把录音机上的一盘磁带拿下来。一整天都没人睡觉。分歧升级为争吵，并有恶化的危险。艾丽莎真的以为有人要揍揍了。当缺乏睡眠并承受压力时，一群天文学家们就会爆发。

谢普很适应这种工作环境。他喜欢称自己为天文学家。在他看来，这其中并没有蕴藏着什么遥远、抽象或智力超凡的内涵，就一个工作头衔而言，"天文学家"不过是一群拿着牛皮鞭和手枪的家伙。

他从事这项工作是因为他被山顶、望远镜、旅行和劳动所吸引。像所有接受过物理训练的人一样，他对黑洞怀有敬畏之心，但理解它们并不是他的主要动机。起码一开始并不是。然而，随着时间的推移，一些关于黑洞的东西开始扰乱他的思绪并深深吸引着他。他认为，从一个深奥的、存在主义的角度来看，黑洞令人毛骨悚然。

真正让他着迷的是，黑洞的内部是宇宙中唯一无法返回的地方。这不是那种"需要一枚包含宇宙中所有恒星能量的火箭"就能逃脱的情况。再多的能量也无法拯救你。在描述粒子落入黑洞的方程中，当一个物体穿过视界时，描述时间的坐标呈现出"类空间"的特征。从某种意义上说，时间变成了方向，这个方向指向黑洞的中心。你不可能将穿过视界面的一瞬孤立起来，但是一旦你这样做了，你的固定路径就会不可阻挡地通向黑洞中心。黑洞成为你的未来，你无法改变你的命运，就像你无法逆转时间的流动一样。

* * *

对于2006年实验的失败，谢普有两种看法。乐观的看法是：只要使所有设备正常工作就可以了。但负面的看法是：由于一个合理的原因，第一次实验注定会失败，但假如这个实验因为一个愚蠢的原因失败了呢？

除了谢普迅速发展的小团队外，几乎所有人都告诉他，要在像夏威夷和亚利桑那之间那么长的基线上探测人马座A*是不可能的，这主要是因为在1998年托马斯·克里奇鲍姆进行的一次观测，那次观测得到的数据表明谢普的实验注定失败。通常天文学家们遇到的问题是他们的望远镜不够灵敏。然而，过度分辨一个源也是完全有可能的。望远镜的分辨率必须与它的观测目标相匹配。对于一台射电干涉仪来说，如果它的分辨率比手头需要的分辨率高得多（它的基线太长了，因此它的视场会比被观测的物体要小）。它将放大目标极其微小的一部分，我们将看不到它的边缘。它忽略了周围的环境和空间的黑暗。对于测量对比度的射电干涉仪来说，这等同于什么都看不见。如果你组装了一个过大的VLBI阵列（望远镜彼此之间相距过远），你可以直接看到一个黑洞，但却永远不会知道你已经看到它了。这会是他们去年已经做过的事情吗？

谢普并不同意这种看法。他认为克里奇鲍姆的测量是错误的。然而，当他们准备再进行一次尝试的时候，那些旧的结果却在折磨着他。如果他们的第二次尝试因无法追踪的硬件故障而失败，他们将很难再尝试第三次。资助者和望远镜主管有理由让他们放弃这个项目。他们可能是错的。但谢普永远无法证明这一点。

第八章

2007年春

这次他们需要更好的望远镜，而且肯定需要三台。亚毫米波阵列仍然没有做好准备，但谢普设法获取了第二好望远镜：詹姆斯·克拉克·麦克斯韦望远镜，它的收集面积比他们去年使用的天文台大了两倍。

亚利桑那观测点一如既往地可以使用。为了配齐三台望远镜，谢普决定使用位于加州因约山的一个期待已久的新天文台——毫米波组合阵（Combined Array for Research in Millimeter-Wave Astronomy，简写为CARMA）。从技术上来讲，CARMA还没有准备好进行正常的观测，还需要进行大量的工作，为每一个天线装备仪器，使它们能进行VLBI观测，但谢普倾向于将这些细节视为微小的不便。他正养成一种后来成为他标志性的习惯——在望远镜正式开放前争取观测时间。

谢普、乔纳森和杰夫·鲍尔等人分别向三台望远镜发送了观测时间申请。他们收集了差不多去年使用过的相同设备。他们借了一个微波激射器，并把它运到CARMA。他们把一台台先进的黑色数字记录器和信号处理器打包送到三台望远镜上。他们几乎做好了准备。然而就在那时CARMA拒绝了他们的申请。

这发生在开始观测的几天前。谢普打电话给曾和CARMA合作的杰夫，他说，杰夫，你得做点什么，我们必须得使用这个望远镜。杰夫很理智地反问，有什么可做呢？事情就是这样进行的。他们是一群年轻科学家，正在把设备拼凑在一起进行一项无人看好的观测。就在这时，谢普迈出了对一位势单力孤的哈佛教授来说英勇无畏的一步：他给CARMA主管打了电话，请他出面干预此事。不知怎么的，谢普说服了他。

连续第二个春天，他们在莫纳克亚山待了几个星期，安装测试借来的设备，静待天气变化。在晴朗的夜晚，他们会从黄昏前一直熬到黎明后，那时他们将储存了数十亿个随机数字的硬盘装进泡沫箱里，这些数字代表着噪音和宇宙信号。他们会抽签决定由谁来把箱子运到希洛，然后用联邦快递把它们寄回海斯塔克。在观测结束时，他们卸下设备，用船运回东部。然后他们都回家。

但他们不知道这个实验是否已经成功。

* * *

一个月后，谢普坐在海斯塔克的办公室里，登录到正在处理观测数据的计算机上。他的注意力集中在一个包含了扫描时间、信噪比比值、基线长度和其他原始数据的 ASCII 文件上，寻找他们的三台望远镜中的两台共同探测的证据。他一直注意到一个标有数字7的扫描文件。信噪比为7标志着一个探测阈值，它意味着随机噪声波动伪装成宇宙信号的概率变得非常低。他从办公桌前站起来，走回相关器房间和迈克·蒂图斯交谈。

相关器房间看起来就像12年前谢普开始他的学徒生涯时的样子。老旧的、基于磁带的机器还在那里。在它们旁边是一个新的数字相关器，像一个由闪烁的发光二极管组成的黑塔。谢普走到迈克的办公桌前，手里拿着一份探测结果的打印件。"那个信号前几天的晚上出现过，"迈克说，"我对它有所怀疑。"

迈克之前一直在看一些信噪比为7的、他知道是噪声的事件。这也可能是另一个噪声事件。但当迈克注意到这幅扫描图看起来很像最近探测到的明亮类星体时，他们进行了更仔细的观察，他知道这些都是真实的事件。他们运行了一种算法，那是谢普为了自己的博士论文而帮助开发的。它对数据进行平均，放大真实信号，同时抑制虚假信号。信噪比得到大幅度提升。

他们发现了一个"条纹"，这常见于两个天线之间的探测。这个术语是一个历史遗留，指的是当两束光相干地合并在一起时，波峰和波谷被放大后形成的明暗纹。当一个VLBI阵列在一个源上"得到条纹"时，这意味着一切正常：这些天线是同步的，可以被视为一个整体。条纹像黄金一样宝贵。得到条纹意味着成功在即。现在，得到条纹意味着他们已经穿透了面纱。

* * *

他们在春季剩余的时间里记录结果。他们没有收集到足够的数据，无法制作一幅图像，但是他们看到了一些东西。在面纱的另一边是一个"事件视界尺度大小的结构"。奇怪的是，不管那个结构是什么，它都比预期中人马座A*事件视界的视尺寸要小。那意味着什么呢？

那是一段令人筋疲力尽的时间。谢普和艾丽莎正在翻修一栋维多利亚式的房子，那是他们从马尔登(Malden)的邻居那里买来的。他们让孩子们上床睡觉，用塑料布封住他们的卧室，穿上特卫强①防护服，熬夜剥去铅涂料，然后第二天继续去上班。

谢普时时刻刻都能感受到一种狂躁和焦虑，那来源于他对取得事业成功的渴望（如果它没有全部土崩瓦解的话）。在工作中，

---

① 一种高密度聚乙烯合成纸，也就是平常所说的杜邦纸。

他对其他项目失去了兴趣。有一天，他走进了他的老板、海斯塔克天文台台长科林·隆斯代尔（Colin Lonsdale）的办公室，说他想把所有时间都投入人马座A*的工作上。他想退出LOFAR的工作，那是他和海诺·法尔克共同参与的在荷兰的一个低频射电阵列。是时候集中精力了，他们已经看到了银河系中心的黑洞！这将是一个重磅事件，但这需要他全神贯注。科林是一个身材高大、蓄着胡子的英国人，他说话时语气温和，措辞文雅。他让谢普去做他想做的事情。

越接近发表他们的发现的时候，谢普就越焦虑。在美国天文学会的一次会议上，他向一名记者描述了他们的观测，之后他恐惧自己毁掉了一切：顶级的同行评审的科学期刊不接受已经发表在媒体上报道过的研究结果。如果那个记者写过什么东西，但没有人注意到，那么他所恐惧的事情也就不会变成现实。但当他们最终向《自然》提交结果的过程中，谢普很晚才意识到他错误地阐释了一些数据。大致来讲，他们认为探测到的这个"结构"尺寸很小，是因为黑洞正在快速旋转。而一个更为可能的解释是，他们探测到的东西偏离黑洞事件视界的一侧，在吸积流中回旋。当他意识到自己的错误时，他变得极度恐慌。他确信自己摧毁了自己的事业。他给编辑发了一封电子邮件，诉说他必须撤回论文的部分内容。他的编辑让他修改了几句话，一切都进展得很顺利。

研究结果发表在2008年9月4日的《自然》杂志上。[1] 麻省理工学院和哈佛-史密森天体物理中心都邀请他在那年秋天发表演讲。

对于一个差点没能从前者的研究生院毕业，而且尚未被后者的高水平同行所认可的人来说，这些都是业内分量十足的邀请。

天体物理学中心的讲座于2008年11月20日在菲利普斯礼堂（Phillips Auditorium）举行。在这个位于天体物理中心心腹地的小而旧的礼堂里，谢普向聚集在一起的教授和学生们解释了他的方法和结果。这只是第一步，他说。他们只看到了人马座A*中心所隐藏事物的最微弱的轮廓。有了更多的望远镜，有了更好的技术，他们可以让图像变得更加清晰。演讲结束后，当人们纷纷离开房间时，一位名叫保罗·何（Paul Ho）的高级天文学家走到谢普面前，请他详细阐述一下他未来的计划。他问道："那么你打算什么时候对这个东西进行成像呢？"

第二部分

那里的怪物

第九章

夏威夷，莫纳克亚山
亚毫米波阵列
2012 年 3 月 19 日

"哇，这里真的有点不对劲，"谢普对着电脑显示器说。就在日落之前，他正在亚毫米波阵列的控制室敲打键盘。在一扇宽阔的窗户外面，八个闪闪发光的抛物面天线排成一个阵列。在锈红色的山顶下，云层像羽绒被一样向着地平线散开。天空呈现出太空边缘的那种紫色，就像实验飞机的飞行员在飞出之前看到的最后一片天空那样。地面上散落着雪花。几天前将他们困在这里的暴风雪已经向东移动，它现在正在遮蔽了加利福尼亚的天空，因而耽搁了三个观测站的观测计划。

控制室是一个供氧的压力容器，这里异常安静，只听得到敲击键盘的声音。"看起来就好像我们的设备正在记录着什么信息，"谢普说道，"这不错。"

一位访问博士后说："马克 5B 正在记录。"马克 5B 数据记录器是连接到隔壁詹姆斯·克拉克·麦克斯韦望远镜的高速数据记录器，JCMT 为今晚的工作贡献出了自己 15 米长的天线。"马克 5C 没有在记录。"它是最新的、带宽最高的、与亚毫米波阵列相连的记录仪。

谢普冲出房间，跑到安装记录仪的楼下。几分钟后，他气喘吁吁地冲回了控制室。他 45 岁，身材匀称。他的发际线还没有后移，头发仍然是棕色，并且很长，在深夜或是在这极度紧张的时候，就像一束在脑后令人印象深刻的竖着的蒲苇。

但现在时间还早。他重新坐回电脑前，敲了几下键盘，对博士后和望远镜操作员咕哝了些安慰的话。现在是晚上 7 点多一点，再过几分钟，他们和来自亚利桑那州、加利福尼亚州的合作伙伴就要开始对类星体（为了校准）、人马座 A* 和 M87 星系中心的黑洞进行为期 12 个小时的观测。记录器似乎正在工作。

望远镜一启动，谢普就平静下来了。他在办公椅上坐下，递出去一个行李袋，里面装满了他从波士顿乔氏超市（Trader Joe's）买回来的零食。"你得尝尝无花果饼！"他说。

* * *

正如他之前的描述，谢普和越来越多的同行脑海中浮现的愿景是建造"人类历史上最大的望远镜"。它将是一个分散的巴别塔

（Babel），分布在世界各地多达十几处高地上，东起欧洲，西至夏威夷，最后，从北部的格陵兰岛一直延伸到南极。它将是所有天文仪器中分辨率最高的那一个。它将满足所有最关键的要求：它将能分辨月球上的一个甜甜圈，或者，如果你愿意，可以分辨银河系中心黑洞的阴影。

天文学家们有时会以一个天文目标的"视角"来谈论望远镜，如果人马座A*拥有感知能力并回望地球，它会看到架设在山上由不同银色天线组成的一条传送带，好像一个零散地点缀着镜子的迪斯科球日夜旋转。首先出场的是位于西班牙内华达山脉和法国南部阿尔卑斯山脉的仪器。几个小时后，墨西哥的一个巨型银色天线和高海拔智利沙漠中的一组天线将会经过。接下来出现的是位于亚利桑那州和加利福尼亚州的仪器。几个小时后，轮到夏威夷登场。人马座A*整晚都凝视着南极点望远镜。当地球转动时，这些望远镜将从多个角度观测它们的目标，积累不同视角的数据，填充一个抽象的数学平面，随后将被超级计算机转换成图像。如果一切进展顺利，其中的一张图片将会加入经典宇宙图像的"万神殿"。

2008年，谢普在菲利普斯礼堂的演讲结束后，保罗·何找到了谢普，但谢普守口如瓶。当然，他考虑过对人马座A*"成像"，在谈话、论文和提案中，他很乐意用战略性的声势来提出宏大的主张。但是当一对一交谈时，他会感到有点难为情，害怕厄运降临。基本上，地球上的每一个毫米波射电望远镜都必须以足够高

　　　　　　　　　　　　　黑洞之影

的分辨率收集足够的光，才能制作出黑洞阴影的真实图像——如果这就是人马座A*所隐藏的东西。当时还没有关于建造地球大小的望远镜阵列的流程说明，这些望远镜还是由一些国际财团建设和控制，他们有各自的优先事项和日程。即使他能把所有的望远镜放在一起，大自然也可能会比任何人想象的更擅于隐藏它的秘密。

但是谢普没有办法抵挡对拍摄黑洞阴影的向往。谢普与他的合作者一起，将第一次的成功观测转化为更多的望远镜时间。他们的每一次外出，都会增加一些新的观测能力，实现一些新的目标，然后他们把这些写进来年的望远镜时间和基金申请提案中。2008年，他们同样采用了夏威夷—亚利桑那—加利福尼亚的三角阵容，这一次他们在三个基线上都得到了探测。一年后，亚毫米波阵列的八个崭新、超光滑的6米天线加入了进来，将被用于观测M87。M87又名梅西耶87或室女座A，是一个超巨椭圆星系，距离地球5300万光年，包含一个巨大的中心黑洞。它太过庞大，因此尽管距离遥远，它的阴影也应该可以被观测到。

不断取得的成功累积在一起。2009年，谢普向美国国家科学院的十年调查委员会（Decadal Review Committee）提交了一篇论文，[1] 称"几乎可以肯定"，"天体物理学的长期目标"是"在未来10年内实现对黑洞的直接成像"。这份长达10页的白皮书最后自信地宣称"前方的道路已经没有任何障碍"。"组装这个'事件视界望远镜'所需的技术工作细节将在其他地方描述，但可以预见没有不可克服的挑战"。委员会将事件视界望远镜列入了未来十年的国家优先资助的项目清单里。

每年都有更多志同道合的科学家加入这个团队。2007年，在开创性的莫纳克亚山观测运行的几个月之后，一位名叫文森特·菲什的博士后来到海斯塔克，着手研究低频阵列，谢普把他征召到对银河中心的研究中来。2009年，迪米特里奥斯·普萨尔蒂斯和费亚尔·奥泽尔在访问哈佛大学期间与谢普见了面，随后他们展开了合作。迪米特里奥斯和费亚尔都是拉梅什·纳拉扬实验室的资深研究员。他们在20世纪90年代末相遇，当时在希腊长大的迪米特里奥斯是一名博士后，而在土耳其长大的费亚尔则是一名研究生。他们合作了一个项目，后来他们结为连理。现在他们都是图森市亚利桑那大学的教授，为谢普和他的事业提供了坚实的支持。这所大学刚刚聘请了一位坚韧不拔、成绩优异的年轻射电天文学家丹·马龙。他和其他人一样对直接观测人马座A*充满了热情。

为了展现他们对于项目的热情，2012年1月，亚利桑那大学在图森市为事件视界望远镜举行了一次正式的启动会议。会议结束后，17位高级教授和天文台及研究所的负责人（那些"参加了1.3毫米VLBI观测，为1.3毫米工作做出了实质贡献，或者正致力于新的EHT台站的团队和职工"）签署了一封谅解书，这使他们多年的松散合作真正地变成一个拥有路线图、方针政策和最低程度的必要的官僚主义的组织。

在过去的 4 年里，他们一直在用相同的天文台进行一年一次的观测：在夏威夷，他们使用的是 SMA 和 JCMT；在亚利桑那州，使用格雷厄姆山上的亚毫米波望远镜；在加利福尼亚，则使用因约山脉上属于 CARMA 毫米波组合阵的 23 个天线。未来 3 年计划将阵列从 3 个台站扩大到 8 个，这将使阵列的收集面积增加 10 倍。与此同时，他们将把后端电子和数据记录仪的带宽从目前的 1 千兆赫提升到 16 千兆赫。收集面积和带宽上的飞跃将使 EHT 的灵敏度提高 40 倍以上。有了这个阵列，他们相信能够得到人马座 A* 阴影的首张图像。他们将在 2015 年使用地球大小的望远镜进行首次观测。

* * *

莫纳克亚山的天气完美无瑕。射电天文学家通过一个参量 τ（衡量大气对星光的不透明度）来评判天气。今晚的 τ 值是 0.028。在莫纳克亚山上，像这样晴朗的夜晚每年只出现 10~15 次。这座天文台坐落在莫纳克亚山 4200 米高的山顶之下 120 米的火山余烬山谷中，在这个高度上，大气已经是地面大气的一半了。然而，即使在这样的海拔，大气也在持续抖动，因为尽管生物稀少，但这里也是威克（Wekiu）种虫的家园，而且小心翼翼适应环境的人类也需要氧气供应。最晴朗的天空也会被微小的湍流搅动。

在 VLBI，仅有一个望远镜有好天气是没有任何意义的。而今晚，其他台站的天气情况更加糟糕。CARMA 的 τ 非常高。SMT 的

τ 非常棒，但到目前为止，空气中的冰晶让望远镜操作员都打不开圆顶。不过，这些台站的天气可能还算尚可。加利福尼亚和亚利桑那州的暴风雪迫使谢普和工作人员在过去的几个晚上窝在1500米以下的黑尔波哈库（Hale Pohaku），那里是在莫纳克亚山工作的天文学家们的宿舍楼。天文台给了他们三个晚上的观测时间。为了增加在这三个地点获得好天气的可能性，他们可以在八个晚上中选择任意的三个。今晚是他们今年的倒数第二次机会。

午夜时分，谢普从他的电脑终端前站起来，穿过控制室，拿起一部固定电话（手机是禁止使用的，因为它们的信号会干扰天文台），打给亚利桑那州，询问他们什么时候打开圆顶。他挂电话时明显振奋了起来。"太好了！"他说，"亚毫米波天文台（Submillimeter Telescope Observatory，简称SMTO）正在打开圆顶，大约30分钟后应该就能观测了。"

"恰好能扫描两次M87"，鲁里克·普里米亚尼说道。他看起来25岁左右，神情疲倦、身型瘦高。他坐在面对控制室窗户的监视器前。他有一副另类的常春藤盟校特有的贫困生的样子：蓬乱的头发、廉价商店里的衣服，和一种难以言喻的受过昂贵教育的气质。他出生在加拉加斯①，父亲是意大利和委内瑞拉人，母亲是西班牙人。父母都在泛美航空公司工作。当鲁里克两岁的时候，全家搬到了迈阿密，那里是泛美航空公司的一个巨型枢纽。在麻

① 委内瑞拉的首都。

省理工学院（MIT）读本科时，他学的是工程学，但他也选修了几门天文学课程，这些课程唤醒了他内心深藏的探索者。他决定毕业后不去工业界，尽管他还没考虑好是否读研究生，同时他也不想在35岁左右前免费工作。所以在2008年，他申请了一份亚毫米波阵列的工程工作。在面试中，乔纳森·温特鲁布递给他一份他们团组刚发表在《自然》杂志上的关于人马座A*的论文。这个黑洞吸引了鲁里克，并把他留在了那里。

在与亚利桑那州的工作人员通话之后30分钟，谢普又给他们回了电话，只是为了确认圆顶是开着的，台站是在线的。他沉默了一会儿。"你在撒谎，"他说，"不，你在撒谎。"

"我打碎了什么吗？"在房间另外一头的乔纳森问道。

在他们的观测取得突破性进展的五年后，乔纳森决心要和谢普一样给人马座A*拍一张照片，但他的情况和谢普不同。乔纳森没有为EHT工作，他在为亚毫米波阵列工作，每年只花几个晚上为EHT服务。寻找人马座 A* 是一个充满激情的项目，乔纳森努力将它融入日常工作。但他不可能像谢普那样把每一纳秒的注意力和全副身心投入其中。无论如何，沉迷并不是乔纳森的风格。他把自己生活的一部分与无休止的工作要求隔离开。他可以制作一个甘特图① 来管理他的大型长期项目，在每天下午完成当天的

---

① 又称为横道图、条状图，其通过条状图来显示项目、进度和其他与时间相关的系统进展情况。

工作后，就可以放下铅笔。说到图表，他有时会想，为什么作为一个项目，他们却没有被更有序地组织起来。多年来，他们一直在使用同样的三台望远镜进行观测。他们什么时候可以有所发展？

谢普挂了电话，对大家解释说，不知什么原因，亚利桑那台站还没开始工作。他们已经在当晚的第十二次扫描中了。亚利桑那州的条件好极了，那里的 τ 降到了 0.05，这是美国本土得到的最好值了。在控制室里踱步了几分钟后，谢普又打电话询问最新情况。"现在怎么样？"他问道。"'望远镜疯了'？那是一个专业术语吗？"

一声不好意思的窃笑在博士后中传开了。

再过两个小时，人马座 A* 就要升起了。今晚的赌注比以往更高，NASA 的钱德拉（Chandra）卫星也加入进来，它将观测人马座 A* 的 X 射线耀发。结合 EHT 的数据，可以显示出黑洞每小时的变化。于是，谢普在 4800 千米外尽其所能地行使了控制权。他让望远镜操作员在半夜给亚利桑那大学的首席教员打电话，让他马上赶到那里。"告诉他，'如果我不给你打电话，谢普就威胁说要杀了我。'"

半小时后，谢普收到了一封来自亚利桑那州的电子邮件，他大声地念了出来："无论如何都没有机会。"今晚让他们重新上线观测。

他们需要做出决定，那时时间还比较早。他们可以把今晚剩下的时间让给其他天文学家们。或者他们也可以继续使用双站阵列。他们权衡了各种选择。

乔纳森转身离开了他的笔记本电脑，并对谢普说："你今晚已经从钱德拉那里获得了卫星观测。"谢普点点头。卫星观测并不是那种可以挥霍的东西。过了一会儿，谢普说："如果钱德拉探测到耀发，我们可以做一些非常有趣的科学研究。"

毕竟，他们已经在山上了。加利福尼亚的台站正在进行观测。他们的夜晚越来越少了。因此观测继续进行，预期在凌晨2：05对人马座A*进行第一次扫描。做出决定之后，谢普瘫在一把铝制折叠椅上休息。

到了凌晨2点30分的时候，事件视界望远镜早期展示版本中的三分之二的望远镜正在工作，正在记录来自地平线之上很低位置的人马座A*的信号。

谢普靠在办公椅上合上了双眼。乔纳森躺在地板上睡着了。其他人都一直在看着他们的电脑。两个半小时过去了，什么事情也没有发生，这就是事情本应该发生的方式。

到了早上5点的时候，每个人都醒了，而仍坐在监控显示器后面的鲁里克变得焦躁不安。"你认为我们现在获得足够的数据了吗？"他问谢普。

"问题在于我们是否得到了任何数据，"谢普说，"谁知道CARMA在干什么。我们能肯定SMTO在做什么。"

刚过6点，谢普就叫醒了博士后们，并准备关掉机器。他们把8个8T大小的硬盘（几乎都是边缘数据）放在一个泡沫箱里，装进一辆卡车的后部，然后在晨光中眯着眼睛，沿着峰顶的道路向下开回大本营。在黑尔波哈库的自助餐厅吃早餐时，谢普给大家做了一次鼓舞士气的讲话，这次讲话的开头是："好了，伙计们，那可真是一场灾难。"

黑洞之影

第十章

以大科学的标准来看，事件视界望远镜成本低廉。总而言之，谢普需要筹集大约2000万美元，而投资回报率可能相当可观。一张黑洞的图片和在追寻它的过程中伴随的观测可能会帮助解答一长串难题。这个实验可以揭示广义相对论是否适用于从未被测试过的极端环境。它可以确定罗伊·克尔旋转黑洞的度规是否描述了真实物理的对象。它可以显示视界面是否真的存在。它可以测试无毛定理（可以通过质量、角动量、电荷三个量来描述一个黑洞）与宇宙监督假设（奇点，也就是存在于黑洞中心的时空结，永远不会"裸露"，它们总是隐藏在视界内）。如果阴影出现了，宇宙监督假设就是成立的。如果没有出现，那么人马座A*可能就是一个裸奇点——不可理解之处显现并暴露在宇宙之中。当然，这个实验可能只会产生一个标志性的天文图像。这一点的重要性不容忽视。正如艾弗里·布罗德里克所说，黑洞的第一张照片可能和"暗淡蓝点"（Pale Blue Dot）一样重要。"暗淡蓝点"是太空探测器"旅行者"号从土星环上拍摄的一张地球照片，从土星环上看去，我们的星球是辽阔真空中的一个微不足道的斑点。艾弗里想，他们的照片会传达出一个截然不同的信息：它会告诉我们，那里存在着一个怪物。

但2000万美元仍然是一笔巨款，尤其是当你没有钱的时候。谢普一直依赖于美国国家科学基金会（简称NSF）的资助，但政府的资金越来越紧张。世界尚未从始于2008年的金融危机的衰退中复苏。美国呼声最大的那群人仍然愤怒于政府花费数千亿美元救助银行的行为。并且那年是选举年。这些条件将本已竞争激烈的筹资环境变成了一场饥饿游戏。为了获得NSF的资金，一个项目不仅要令人印象深刻、意义重大并广受称赞，而且它和它背后的人需要提供近乎完美的以往记录。这就是他们那晚在莫纳克亚山所面临的压力。

宣传是筹资游戏的一部分，而谢普是一个很好的推销员。在2008年《自然》杂志的论文发表后，谢普开始收到一连串的媒体申请。其中一些媒体的请求高调到令人生畏，并且间歇地让他在镜头前感到不适。有一次，他参加英国广播公司（BBC）的一个纪录片的拍摄，在摄制小组的灯光下，他打着手势，带着训练有素的热情告诉一位采访主持人，如果他们给人马座A*的阴影拍张照片，"那将是很值钱的拍照（money shot）"①。

停！

---

① Money shot 短语也用来指色情影片中的男女高潮镜头。

呃，谢普，你能用不那么色情的语言再试一次吗？

直到最后期限到来之前，谢普还在苦苦思索资助申请。大家都认为他擅长写资助申请。他已经学会了如何掩饰事件视界望远镜计划的薄弱之处。让人不安的是这个项目主要是为了观测两个天体——人马座 A* 和 M87 中心的黑洞。EHT 有点像蔡司微距镜头，你买下它只为了在去哥斯达黎加的旅途中给花拍照，这确实很诱人，但值得为此花钱吗？

目光敏锐的提案评审人注意到后勤方面的问题。如果这些人很难找到三个台站天气都适宜观测的时候，那么当他们的工作需要遍及四大洲的八九个天文台的晴朗天空时，他们将如何应对？如果其中一个天文台关闭了呢？天文学正日益成为一场此得则彼失（zero-sum）的游戏：为了建造一台新的望远镜，你通常不得不关闭一台旧的。如果没有至少七个天文台的同时参与，事件视界望远镜将无法工作。这些天文台有些已经有几十年的历史，有些仍在建设之中。即使在 EHT 内部的望远镜中，资金也可能发生转移。有些人担心，阿塔卡马大型毫米波阵（ALMA）会使亚毫米波阵列停止运行。这将是一种自然的、保护资源的举动，除非你需要两个望远镜才能看到你想看的东西。

谢普有一些应对这种严峻挑战的策略。第一个对策是采用帮助他们走到今天的赌博的方法，把光变成数据，再变成发现，最终变成资助资金。第二个策略则是要加快速度。那些建造和运行望远镜的人倾向于在宇宙的时间框架内思考。一年或两年在宇宙时间内有什么不同吗？对谢普来说，拖延就是死亡。

除了对策，谢普还指望着一些别的东西。每当天气适宜观测的时候，每当望远镜正常运作的时候，EHT的工作人员不得不把部分功劳归结于运气。2012年3月初，当谢普打开一封来自戈登和贝蒂·摩尔基金会（Gordon and Betty Moore Foundation）的工作人员的电子邮件时，他发现这次也是如此走运。

* * *

摩尔基金会的杜桑·裴扎卡维克（Dusan Pejakovic）从《科学》杂志上知道了事件视界望远镜。这篇文章是图森启动会议的一篇新闻报道，它让事件视界望远镜听起来像是那些不同寻常的资助者所青睐的那种项目。它很吸引人，是国际化的、技术驱动的、负担得起的、看似不可能但显然容易操作的，而且，也需要帮助。谢普向《科学》杂志承认，他们仍然缺少资金。

杜桑的邮件来得正是时候。从2009年开始，EHT就依靠一笔为期三年的资助运作，而且也不能保证他们的下一个NSF提案会获得批准。外部资金将在未来几年为这个项目提供动力。谢普和杜桑在电话里交谈，谢普开始草拟一份正式的提案。然后他受到了来自麻省理工学院管理人员的打击。

通常，当一位科学家获得资助时，大学通常会从中抽成30%

左右来支付间接费用（例如电费、修剪草坪费和门卫费）。摩尔基金会愿意负担最多15%的间接费用。当麻省理工拒绝这些条款时，它点燃了谢普从海斯塔克天文台离开的导火索。

如果谢普是麻省理工学院的教员，如果他有一间橡木装饰的办公室，他将会有更大的影响力。但谢普只是一名普通的科研人员。他的级别较低。他将车停靠在神秘谷公园大道（Mystic Valley Parkway）旁边的一家全食超市（Whole Foods）的停车场内。他坐在车里，与麻省理工学院的管理人员通话。他饥肠辘辘，不可置信地听到世界上最好的大学之一不想解决接受180万美元的资助所带来的不便。他一直试图能够让麻省理工学院解决此事，但当这些努力失败后，他打电话给哈佛-史密森天体物理中心，他们对他说：欢迎加入我们！

协议的条款要求谢普一半时间在史密森天体物理天文台工作，一半时间在海斯塔克工作。作为回报，谢普将获得薪水、天体物理中心（Center for Astrophysics，简称为CfA）的一间办公室、所有的间接费用补偿以及可自由支配的启动资金。预期几年后，谢普将成为史密森天体物理天文台的全职员工。因此，在2012年12月，谢普几乎没带什么行李就搬进了一间位于康科德大道空着的米黄色办公室，正好在乔纳森·温特鲁布的楼下。

摩尔基金会资助的博士后于次年9月到达。他们的名字分别是劳拉·维尔塔尔施奇和迈克尔·约翰逊。

劳拉以一首名为《事件视界望远镜的仪器改进》（又名《黑洞情

歌》)的原声吉他民谣向 CfA 的成员做了自我介绍。博士后们被邀请通过标准的科学报告或 3 分钟的俳句报告来展示他们的研究。劳拉给大家解释了俳句字面上的格式。在她表演当天的早些时候，在位于康科德大道一楼的一间新来的博士后和鲁里克共用的办公室里，乔纳森帮她做了些准备工作。她弹着吉他，研究着幻灯片，乔纳森用敬畏而担忧的目光看着她。他告诉她："你知道吗？你真的很勇敢。"

更像是劳拉没有恐惧这种情绪。她活泼好动、积极乐观。她有一双琥珀色的大眼睛，可能会把她的任何一个同事拉走进行掰手腕比赛。她在西雅图长大，父亲是波音公司的工程师。她是九个孩子中最大的一个，还有七个妹妹和一个弟弟。她是一位终身运动员，7 岁时开始练习空手道，后来参加了欧洲和南美的世界杯锦标赛。一个叫作"重磅出击（Wham）！"的儿童电视频道在全国空手道锦标赛上为她拍摄了一段时长 3 分钟的励志视频，在视频里，她戴着牙套，梳着运动式的背头。说着，你们也可以，孩子们，加油！

她加入 EHT，有着电气工程博士学位和先进雷达系统的专业知识（特别是被称为现场可编程门阵列的系统部件，Field-Programmable Gate Array，简称为 FPGA）。过去惯常的做法是这样的：如果一位科学家需要一些定制的电脑芯片，她会将芯片设计出来，然后雇一家像得州仪器这样的公司把它铸造到硅片上。这个过程就和听起来一样进展缓慢而且费用昂贵。对于许多应用程序而言，可以任意重新编程的FPGAs使得这个过程变得不再必需。高性能FPGAs是一种先进的技术，它可能会将定制信号处理设备的成本从数百万美元降至数万美元。劳拉来到这里是为了帮助他们制造新一代的设备。随着毕业的临近，她看到了博士后工作的招聘广告。她对这个听起来很疯狂的科学项目兴趣浓厚，她想，我知道怎样做他们真正需要的东西。

不过，她不太习惯天文学界那种强制性的说教风格，所以，当她在菲利普斯礼堂登台，看着满屋子板着科学脸的博士们时，她很是紧张。然而她还是顺利完成了报告。后来，有人告诉她，她的演讲是人们唯一记住的一个。

另一位新博士后迈克尔·约翰逊是来自加州大学圣巴巴拉分校的理论天体物理学家。他本质上是一位数学家，但他的演讲段落完整，而且毫不犹豫地使用"美丽的""非凡的"和"奇妙的"等词汇来描述科学概念和自然事件。他有着沙棕色的头发、柔和的五官，举止略带羞涩，就像一个对自己的真诚感到有些难为情的人。

在他之前的研究中，迈克尔被吸引到了极致。不过在他上研究生的时候，有一天他听了迪米特里奥斯·普萨尔蒂斯有关事件视界望远镜的演讲时，他感觉到了旧世界线的弯曲，他被新的研究课题吸引了。迈克尔发现，大多数演讲往好里说也只能勉强让人提起兴趣，往坏里说是晦涩难懂的，但迪米特里奥斯的演讲给人留下了深刻的印象，于是他联系了谢普，当迈克尔下一次来到剑桥时，他们共进了午餐。

谢普雇用了迈克尔，因为他需要一个有理论能力的人来分析他们每年观测获取的数据。迈克尔得到了极佳的推荐。他的导师把他比作年轻的拉梅什·纳拉扬，后者是一个训练有素的聪明人，能够处理理论天体物理学中的任何问题。谢普在背后叫他迈克尔·"魔术师"·约翰逊。迈克尔一到，谢普就让他着手处理自2013年春季观测以来一直闲置的数据，当时 EHT 优先收集偏振光。他们想利用这种光来绘制银河系中心的磁场图，这将帮助他们探索黑洞是如何进食的这个长久以来未曾得到解决的谜题。

坠入黑洞并不容易。除非受到干扰，在围绕引力天体的稳定轨道上运行的物体（即使它们具有毁灭性的力量）往往会留在轨道上。我们太阳系的行星已经在它们目前的轨道上运行了30多亿年①，它们可能还会在大约相同的轨道上再运转50亿年，直到垂死膨胀的太阳吞噬水星、金星、地球和火星。[1]

黑洞周围的吸积盘是由加热到数十亿度的等离子体构成的，那是一种由间隔甚远的电子和离子组成的稀薄的"电浆"。就像行星一样，如果不受干扰，这些粒子应该会继续围绕黑洞运行。有时它们会相互碰撞，但这并不足以使它们脱离轨道并螺旋式下降。一定还有其他的摩擦来源。1973年，苏联理论家尼古拉·沙库拉（Nikolai Shakura）和拉希德·苏涅耶娃（Rashid Sunyaev）将之

---

① 应该是 40 多亿年。

归因于"湍流"（在吸积流中巨大的、暴风雨般的破坏性的碰撞）。[2]
但是什么产生了湍流呢？

1991 年，史蒂文·巴布斯（Steven Balbus）和约翰·霍利（John Hawley）发现了一个可能的候选。[3]磁场遍布宇宙。恒星、星系和拥有熔融内核的行星都会产生各自的磁场。由于长期暴露在恒星风、超新星和其他形式的电磁辐射中，构成星际介质的尘埃和气体已经被磁化了。因此，围绕黑洞旋转的等离子体也被磁化了。理论家已经证明，磁力线应该像看不见的线一样贯穿黑洞的吸积盘。这些磁力线把粒子像弹簧一样捆绑在一起。当盘中的气体围绕黑洞旋转时，磁力线也随之移动。它们变得扭曲缠结，有时它们会在类似日珥的剧烈事件中"重联"。通过这种方式，磁场就会产生破坏性的搅动，产生粘滞，把物质送向黑洞。

这种磁场的不稳定性也可以解释宇宙喷流。被磁化的气体落入黑洞，穿过视界面后，它的磁力线仍然有可能存在。当黑洞旋转时，它会像电动机一样把这些磁力线缠绕起来，从黑洞中提取能量，并向星系际空间发射出几十万光年长的直线形的能量喷流。

磁不稳定性假说在很大程度上并没有得到验证，因为没有一个合适的方法来绘制黑洞边缘附近的磁力线。这里是 2013 年 EHT 收集的偏振光的来源。光有两个分量，分别是电场中的振动和磁场中的振动。在非偏振光中，电场振动的方向是随机的。在偏振光中，光被限制在一个方向上。人马座 A*发出的微波本质上是极化的，因为它们是由绕着磁力线旋转的电子发出的。光的偏振方向将会告诉你磁场的方向。它们是指向随机的方向，还是像黑洞吸积理论预测的那样有序地连接在一起？迈克尔·约翰逊在EHT的第一份工作就是解决这个问题。

鲁里克、迈克尔和劳拉共用的办公室宽敞、明亮且空闲。迈克尔和劳拉面对着相对的墙而坐。鲁里克的桌子像导师一样面对着房间的中央。

这个房间里的人数增加了3倍，这对每个人来说都是一种鼓舞。为了取得成功，这个项目还需要成长。他们需要更多的资金、更多的望远镜和更多的人。但就像他们将要学到的那样，获得资源是要付出代价的。

第十一章

新墨西哥州，圣达菲市
2013年9月的最后一周

在全球范围内以研究银河系中心为营生的天文学家们预计有几百位左右。而他们当中的大多数，在2013年9月末的这周，齐聚在新墨西哥州的圣达菲市。他们是为了参加一个主题为"银河系中心：正常星系核的物质俘获和反馈现象"的学术会议。

以往这样的会议本应当是天文学家相互交流研究成果和开展头脑风暴的好时机，当然也确实进行了这样的环节。但这个会议同时也是一个被政治操控着的舞台。这些每天早上都需赶到圣达菲市老广场的一个土坯风格大酒店内的天文学家们，他们当中的一些人身着抓绒衣和戈尔特斯（Gore-Tex）冲锋衣，早上爬完山回来。这些人将对谢普的科学论文展开同行审查，并对他的拨款提案申请进行打分，他们流露出或相信或拒绝相信事件视界望远镜是一项能够持续发展的项目的态度。谢普知道，他必须要对在

2015年实现干涉基线最长为地球直径的望远镜阵列的首次观测这一雄心勃勃的时间规划展现出自信。当吉姆·莫兰——这位世界上再也没有比他更了解VLBI技术的人——在周三上午圣达菲的演讲结束，表达对事件视界望远镜项目的乐观态度时说道，"尽管在我有生之年可能无法看到这一天"。几分钟之后，谢普大声地反击道，"吉姆是不是已经被查出癌症晚期了？"然而，当海诺·法尔克告知谢普，他和几名欧洲同事已经向欧盟委员会递交了一份庞大金额的资金提案，为做类似事件视界望远镜的项目争取了1500万欧元时，谢普不得不收敛，强迫自己恢复应有的真诚口吻。

* * *

2000年，海诺的一篇关于人马座A*阴影的重要论文发表之后，他回到了德国波恩，在马克斯·普朗克射电天文学研究所任职。他的家乡科隆市弗雷兴郊区距离研究所有45分钟的车程，他和家人自17世纪末以来就长期定居在那里。同样，他们也长期地活动于一个位于村庄中心的基督新教教堂。海诺是教堂里的一名非专业牧师。他认为路德和爱因斯坦的领域之间并不冲突。事实上，他对黑洞的认知有一个圣经上的类比——拉撒路的困境。海诺说，在耶稣使拉撒路起死回生之前，拉撒路被囚禁在死亡的对面向外注视着活人的世界。而在黑洞内部的世界，人们会有相似的经历。能从黑洞中逃脱堪称奇迹，这可以与复活相提并论。[①]

2004年在绿堤举办了一场人马座A*的"生日聚会"，在会上，海诺、杰夫·鲍尔和谢普向出席者们推销这个拍摄黑洞照片的计划。至此之后，他们三人开始召开时隔半月一次的电话会议，像天文学家们所说的，来确认他们正在向这一难以实现的目标前进。他们讨论的记录流露出一种类似孩子们试图组建摇滚乐队的天真烂漫。"也许我们应该轮流做记录，留档一份行动项目详单。"他们在第一次的会议记录上这样总结道。他们取得了一些进展。谢普和杰夫开始与伯克利的一个小组一起研究信号处理设备。该小组主要制作用于搜寻外星生命的开源硬件和软件。此外，他们还一起凑钱翻新了旧的微波激射器。

但一段时间之后，由于多方面原因，最初的合作还是分道扬镳了。海诺认为，他们应该仿照大型强子对撞机（LHC, Large Hadron Collider）这类的大机构，建立正式的科学合作。大型强子对撞机花费了数十亿美元来寻找希格斯玻色子，但当时根本找不到它。因此，海诺认为，他们可以申请到几百万美元用于描绘黑洞的事件视界。但他发现，相比于建立一个联盟机构，谢普对于做自己的技术开发工作更感兴趣。并且他认为，他们所需的望远镜技术离完美还需要几年的时间。因此海诺最终决定，在谢普和海斯塔克天文台的成员完美地完成这项工作前，他将专注于提升

---

① 拉撒路是《圣经·约翰福音》中的人物，他因病逝世，后因耶稣而奇迹般地复活。

自己作为科学家的名望。

海诺追求这一目标就像投资者建立多元化投资组合一样。他在继续展开对黑洞和类星体研究的同时，也成为LOFAR（Low Frequency Array 的缩写）——低频阵项目中的一员。LOFAR是建于荷兰乡村的低频射电天线阵列，用于追溯恒星发光之前的宇宙黑暗时代。他还参与了皮埃尔·俄歇宇宙线实验。此外，他在寻找外星文明方面也做了一些工作，并提倡将射电望远镜放在月球上。2007年，也是谢普和伙伴们首次对人马座A*完成突破性观测的一年，与此同时，海诺在荷兰内梅亨市的奈梅亨大学任职天体物理学教授。基于此前的努力，他已然成为荷兰天文界的学术明星，为报纸撰写专栏，接受采访并获奖。2011年，他在黑洞阴影和LOFAR方面所做的工作，使他获得了荷兰最高科学荣誉斯宾诺莎奖，和大约350万美元的现金。[1]

2012年，在图森举办的事件视界望远镜项目的例行会议上，海诺在谢普面前晃了晃这笔钱。他对谢普说，我可以用这笔钱，告诉我都需要做些什么。会议之后，17位"团队和仪器"的代表，签署了了解事件视界望远镜建设情况的知情函。这些代表中有参加过1.3毫米VLBI技术观测的人员，有为1.3毫米工作做出了实质性贡献的人员，也有正在调试新的事件视界望远镜站点的人员。海诺不理解为什么谢普没有接受他的提议，他的名字为什么没有出现在那封知情函上。

2011年夏天，当向欧洲研究理事会协同拨款项目争取提案时，共有800多个团队角逐这仅有的12个名额，成功的概率仅为1.5%。不过，嘿，最终花落谁家还犹未可知，一切皆有可能。海诺有几个项目已经接近尾声，正需要计划下一步该做些什么。马克斯·普朗克射电天文学研究所的脉冲星专家迈克尔·克莱默亦是如此。这些"协同"拨款旨在建立不同寻常的合作。在专门对引力波进行数学建模的理论家卢西亚诺·雷佐拉的帮助下，海诺和迈克尔提出了一个观测黑洞的计划，主要是找到这些黑洞周围绕转的脉冲星，并将这些系统的数据输入计算机中进行模拟，用来检验广义相对论和其他竞争的引力理论。海诺的一部分钱被用于一个他命名为"黑洞相机（BlackHoleCam）"的项目。这个项目旨在建立全球范围内的射电望远镜网络，来捕捉人马座A*的阴影图像。他们在截止日期2013年1月10日递交了他们的提案申请。

海诺不得不承认，他没有和谢普协商这个提案。他想，我们可以自己来做，这相当疯狂。它不会飞走的。随后，提案在整个过程中不断被推进，通过了一轮又一轮，直到圣达菲会议召开时，海诺的胜算已经大大提高。

* * *

谢普的演讲被安排在周五的下午，也就是为期一周的会议的最后一天，那时，有很多与会者已经在前往阿尔伯克基机场的路上。令人欣慰的是，这一周内，"事件视界望远镜"这几个词频繁地出现在谢普几乎全不认识的人士的谈话中。这个项目正在慢慢地出现在公共的视野当中。

谢普走到会议室的前面，放映他的幻灯片，像常规演练好的那样介绍了他们项目的理论背景，自21世纪初以来他们所取得的进展，以及未来两三年内的计划。他解释了严格遵守这个时间表的重要性，因为他们必须在所需的所有望远镜仍在运行的这一潜在的很小的窗口内进行这种观测。"ALMA（Atacama Large Millimeter/sub-millimeter Array的缩写）给现有的VLBI技术站点施加了一些压力。"他这样说道，"我们需要尽快启动这项工作，这样才能确保我们不会失去任何一个重要的站点。"紧接着，他打出了G2①这张牌。

客观来说，此次的每个与会者都打出了G2这张牌。天文学家们发现了一团大约是地球质量3倍的气体云，正朝向人马座A*快速移动。根据目前的运动轨迹判断，它将在几个月内完成距离人马座A*最近的一次飞行。天文学家们期望人马座A*的云层会被撕裂。这样他们就可以实时地观测到黑洞进食的过程。自然而然，每位对银河系中心感兴趣的天文学家都以G2气体云为由申请望远镜的观测时间。谢普表示，G2气体云是一个"千载难逢"的机遇。但问题是，就现在的情况来看，G2气体云可能是一个"哑巴"。几乎全球所有望远镜都在对这朵气体云朝向"末日"的轨迹飞行进行观测，但迄今为止，还没有看到任何火花。

---

① G2是银河系中心人马座A*附近的气体云。

黑洞之影

在提问的环节，谢普的同行们挑准事件视界望远镜的漏洞展开了猛烈的抨击。

"你需要多少个美国的观测站点？"有人这样问道。换而言之，如果你所需要的其中一个望远镜关闭了，项目就完蛋了？

"我们面临的是类似'苏菲的抉择'①一般的问题，"谢普说，"我们的计划完备，允许丢失一两个站点。但是我相信我们会有足够的站点的。"

紧接着，又抛出了一个非常棘手的问题，你还需要多少钱？

"你能提供多少钱？"谢普反问道。

＊ ＊ ＊

在圣达菲市举行会议的几周之后，海诺、迈克尔·克莱默和卢西亚诺·雷佐拉走进布鲁塞尔市的一座24层高的玻璃塔楼，乘坐电梯上了最顶楼。他们进入了竞争欧洲研究理事会资助金的最后一轮。此时此刻，他们手中已经有了40%的胜算。而他们需要做的就是通过最终的面试。

他们精心编排了自己的表演，通过分配好每个人的演讲内容并配合肢体语言，他们希望展现出他们的团队协作能力。那天，他们在等候室里踱来踱去，直到轮到他们上场。当他们被人领着

---

① 《苏菲的抉择》是 1982 年的美国电影，改编自威廉·史泰隆的同名原著小说。

走下长廊进入 U 形礼堂时，海诺感觉自己就像一个角斗士走进了竞技场。他们在预算问题上答错了，但那只扣掉了他们 100 万欧元。其余的 1400 万欧元是他们的了。

海诺坚称，他从未想过要和谢普角逐。在新闻稿中，[2] 海诺、卢西亚诺和迈克尔·克莱默在马克斯·普朗克射电天文学研究所的屋顶上摆出爵士三重奏姿势的照片下方，也有同样的说辞。这是一个黄金时代。卷云划过湛蓝的天际。他们三人身着运动夹克和有衣领纽扣的衬衫，没有系领带。"法尔克在 15 年前首次提出了这一项目，现在国际上正在努力建立一个全球范围的'事件视界望远镜'来实现这一目标。"新闻上这样报道。"而黑洞相机团队将会与谢普·多尔曼领导的事件视界望远镜项目展开合作。"上面写道。

* * *

作为这个领域的科学家和一个具有自由意志的人，海诺有权发起自己拍摄人马座 A* 项目的竞争活动。但黑洞相机并不完全是竞争对手。由于谢普的原因，海诺没有与他需要的望远镜达成合作。黑洞相机的成功取决于与事件视界望远镜的合作。在谢普看来，这就像是海诺主动提出帮忙买单，邀请自己加入珠峰探险，然而，尽管海诺有研究过人马座 A* 的经历，但他却从未登过山。

而海诺对事情的看法却不尽相同。他知道地球不够大，容不下两个直径为地球大小的虚拟望远镜。当他撰写欧洲研究理事会拨款的提案申请时，他便知道，如果申请成功，他和谢普将不得不合作。但他对大型科学项目持集体主义观点。谢普需要这笔钱，而他为什么不想从海诺这里拿钱呢？海诺是一位严肃的科学家，在他的整个职业生涯中，他一直在撰写拍摄人马座A*的相关论文。而他自己为什么不加入呢？海诺一直表露出他有竞争欧洲研究理事会拨款的想法，但他也承认，他感到自己被排斥甚至被拒绝在事件视界望远镜签署成员的官方圈子之外。海诺以拨款为基础来做决策的行为，是符合历史经验的优秀策略。如果事件视界望远镜获得诺贝尔奖那样级别的奖项，那么在数百位为该项目做出贡献的人当中只有两三个人的名字才会出现在上面。这是一个很大的假设。很少有科学家比约翰·惠勒把黑洞的概念带到这个世界上做得更多，但是，谁获得了第一个与黑洞有关的诺贝尔奖呢？里卡多·贾科尼（Riccardo Giacconi）是乌胡鲁卫星（Uhuru）背后的科学家，乌胡鲁是将天鹅座X-1标记为第一个可能存在真实黑洞的X射线望远镜。如果事件视界望远镜继续辉煌下去，海诺不会因为在2000年简单地写了一篇提议可以做这样的项目的论文而获得太多的赞誉。他必须亲自并且积极地参与项目。因此，他得想方设法地加入项目当中来。

12月，海诺飞往波士顿，与谢普和其他人商谈合作的事宜。这可能是他们有史以来最为亲切的一次会面。谢普还没来得及忧虑。

谢普之所以领导事件视界望远镜项目，是因为他在2007年完成第一次大型观测之后，人马座A*就成了他心中念念不忘的"白月光"，他决定把拍摄人马座A*作为他职业生涯中的唯一核心。作为一名联邦资助天文台的科学家，他没有一条通向安全而又令人称羡的终身教授职称的明确道路。这才是糟糕的地方。而好的一面是，他可以自由地追逐一个看似疯狂的目标，而那些拥有终身教职的教授们则没法做类似疯狂而大胆的事情。他并不需要规划一系列项目，他可以把自己的全部职业生涯赌在一个项目上，而他需要做的只是以适当的热忱保护他在这个项目中的所有权。

　　但他也知道，自己别无选择，只能把海诺的团队容纳进自己的项目当中。他们可以资源共享。但这和钱没有多少关系。虽然谢普的确需要更多的资金资助，但是海诺并没有随心所欲地使用这1400万欧元的全部权力，这当中仅有三分之一可以用于黑洞相机项目，而且这其中有很大一部分是被指定用于特定目的的，比如用于在欧洲招聘博士后等。而且，谢普已经基本解决了事件视界望远镜的资金需求，他递交了一份美国国家科学基金会一项名为中等规模创新项目(MSIP, the Mid-Scale Innovations Program)的资助提案，为事件视界望远镜进行首次大规模全方位观测申请了700万美元的资助。事实上让谢普别无选择，不得不让海诺参与进来的真正原因是因为阿塔卡马大型毫米波阵（ALMA），或这样来说，ALMA是这一领域的王者，它含蓄地坚持要求海诺的加入。ALMA是由欧洲、北美和日本的科学机构这三方合作运营的。有欧洲研究理事会的背书，海诺获得了三方中三分之一的支持，这足以阻止谢普拿下ALMA的使用权，而这是他整个计划当中的核心。

第十二章

海斯塔克天文台

2014年2月6日

阿塔卡马大型毫米波阵是全球同类望远镜中功能最强大的望远镜，当之无愧的有史以来最为复杂的天文仪器。它由在智利阿塔卡马沙漠这个海拔5000米、几乎没有生命存活的高原上建造的66个射电天线组成阵列。这个项目源自三个不同梦想的合并，可上溯到20世纪80年代，当时北美、欧洲和日本的天文学家们分别提出了建造大阵列毫米波射电望远镜的计划，将其用于绘制银河系地图、观测由岩石和冰凝结形成的行星以及找寻最早的恒星。这三个团队都提议在除南极之外世界上最干燥的地方——阿塔卡马沙漠建造望远镜。但是在同一个地方建造三个几乎完全相同的天文台，这简直是太荒谬了，因此这三个团队最终选择合作。

从2003年开始，科学家、工程师和当地的工人们花费了10年的时间来平整沙漠的地面、铺设光纤电缆、建设超宽的道路，并为66个可转动抛物面的碟形天线浇注了193个1.8米深的三角形混凝土垫板。天线放置在不同的结构中以实现不同的目的，比方说，紧密地排列在一起，以便对寒冷且暗淡的天体进行高灵敏度的研究，或者延伸到18千米的范围内，以便对遥远的小天体进行高分辨率的研究。与所有大型望远镜项目一样，完成建造花费的时间比预期的要长。终于，在2013年3月，智利人及其国际伙伴邀请政要和新闻记者们前往沙漠火星模拟基地举行落成典礼。在典礼上，这些天线随着音乐的节奏旋转起来。ALMA天文台台长皮埃尔·考克斯(Pierre Cox)宣布，天文学家们使用ALMA已经取得了出人意料的新发现，包括发现一个正在形成恒星的星系，这个星系比预言的最早的恒星形成星系还要早上10亿年。

如果谢普可以让ALMA加入事件视界望远镜，它联合全球各地的其他望远镜，就可以让整个阵列的灵敏度提高10倍。但是如果没有ALMA，他们能拍摄到人马座A*照片的机会将会微乎其微。这也是为什么谢普花费了很多年时间鼓动ALMA分配时间在事件视界望远镜项目上面，以及他和海斯塔克天文台的团队在五年计划的第三年将ALMA变成相控阵天线的原因，相控阵天线说的是把一组天线作为一个巨型天线一起工作，就像事件视界望远镜一样。ALMA的设计方式是，66个天线中的每个天线都自行捕捉图像并记录自己的数据流。如果在当前状态下使用ALMA进行VLBI技术，当需要对来自夏威夷、亚利桑那州、智利和其余遍布全球的望远镜的数据进行关联时，ALMA的数据将显示为，来自

66个独立望远镜的66套硬盘驱动器缓存数据。这将是计算工程上的噩梦。事件视界望远镜的科学家们需要ALMA作为单一的巨大天线来工作，也就是说需要将所有66个天线记录的数据连续求和为一个主输出。为此，科学家们必须要对ALMA的关联器进行修改，而这个关联器就是全球功能最强大的单用途超级计算机。

升级ALMA的过程仅比在拉什莫尔山[1]上雕刻进一个新面孔的过程稍稍简单一些。作为由公共资助的科学机构的国际合作项目，以及作为一个全新、功能强大而又炙手可热的仪器，ALMA受到为其专门设计，以确保没有人能享有特殊待遇的条例的约束。ALMA的升级方案经过审核并正式通过后，必须作为世界各地的天文学家们都可以使用的功能对外公布，要想使用它，则必须像其他所有人一样排队递交申请。

谢普一直觉得他与相关权力人士达成了绅士协议。他的团队正在为ALMA进行数百万美元的升级，而且他的项目时间非常紧迫，因为事件视界望远镜必须在它需要的任何一个望远镜关闭之前运行，而ALMA就是最有可能关闭的一个。基于上述原因，他必须借助特殊的VIP渠道，也就是说他必须获得主任自由裁量时间（DDT）[2]，或者插队进入Cycle 2的2015年春季的观测时间。而只有一个人主宰着这些珍贵资源的获取途径，他就是皮埃尔·考克

---

[1] 拉什莫尔山是美国总统雕像山。

[2] DDT 是 director's discretionary time 的缩写。在一个循环内，最多 5% 的观测时间可由 ALMA 天文台台长通过主任自由裁量时间自由分配。

斯。但是最近，谢普从皮埃尔那里屡屡得到含糊不清的讯息。要么是莫名其妙的沉默，要么是不置可否的答复。

谢普今天早上的工作便是确保他可以获得特殊使用权限。他如往常一般克制着内心的焦虑，驱车前往海斯塔克天文台，在93号州际公路上以每小时130千米的极限速度行驶，[①]积雪从他破旧的本田CR-V还未洗刷的车顶上滑下来，掉落到旁边的车道上。当他抵达海斯塔克天文台时，他紧急召集迈克·赫克特和杰夫·克鲁到他的办公室为接下来的电话会议做准备。

海斯塔克天文台的助理主管迈克·赫克特负责ALMA的升级项目。他已经50多岁，是一个值得信赖的人，能把一切都打理得井井有条。杰夫·克鲁是ALMA相干项目的科学家，他大部分的时间都在智利工作，他留着一头棕色的长发，扎着马尾辫，有着老嬉皮士的随和与帅气。在谢普处于某种疯狂状态之时，迈克和杰夫分别有不同的方式来与其打交道。但他们方法的核心都是有耐心。

谢普坐在办公桌后面，迈克和杰夫拉出带滚轮的办公椅坐下。谢普希望在与皮埃尔通话之前的五分钟内搜集到尽可能多的信息。由于杰夫在ALMA工作的时间最久，因此他也遭遇了最为急迫的盘问。"在那里你和谁的工作关系比较好？"谢普对杰夫大喊道，"把他们的名字全部告诉我。"

---

① 93号州际公路是美国州际公路系统的一部分。西北始于佛蒙特州的圣约翰斯堡，东南至马萨诸塞州坎顿以南。

"有苏——"

"苏是谁，我不认识苏。还有谁？"

他们像奥运会乒乓球运动员来回击球一样说着名字和缩写：CSV（Commissioning and Science Verification，调试科学与验证），APP（ALMA Phasing Project，ALMA 相干项目），JAO（Joint ALMA Observatory，联合 ALMA 天文台），version 10.4 versus 10.6（版本 10.4 对 10.6），Cycle 3（第三轮），Cycle 4（第四轮），TAC（Telescope Allocation Committee，时间分配委员会）。某一刻，谢普提及他们使用的是"去年版本的缩写"。随后迈克和杰夫被解散。谢普把门关上，静候电话铃声响起。

在整个通话交谈中，住在智利的法国人皮埃尔态度谦逊而又很有外交手段，令人无法知晓他内心的真实想法。最后，谢普忐忑不安地结束了通话。谢普和皮埃尔的交际最早可以回溯到谢普刚刚使用高频 VLBI 技术的日子，那时皮埃尔还是毫米波射电天文台（IRAM）[①]30 米望远镜的台长。他们之间相处得和睦融洽并且相互理解，那时谢普会竭力地从皮埃尔那里尽可能多地争取他所需的资源，而皮埃尔会微笑着应对，保护自己的权益。他们的协商就像拳击友谊赛一般。但是今非昔比，谢普想知道为什么皮埃尔似乎要打破一直以来他们相处的默契，不再承诺给谢普他自认为可以获得的主任自由裁量时间。为什么不继续呢？谢普需要严格

---

① IRAM 是 Institut de Radioastronomie Millimétrique（法语）的缩写。

遵守时间表，这样才可以保证他们能够在明年年底前成功使用全球范围内的望远镜阵列进行观测。但是，如果他们没有获得主任自由裁量时间，他们就要等到2016年春天之前才能使用ALMA。最坏的情况是，他们需要等到2017年春天才能使用ALMA，这会使事件视界望远镜项目整体往后推迟两年。而这种推迟带来的后果将是无法预估的。

同时，谢普还得知皮埃尔正在与海诺的团队直接商榷，这令他感到深深不安。他们会商讨什么呢？皮埃尔计划下周在南非的会议期间会见海诺和他的团队，但谢普并不希望他们私底下有过多的往来。可是谢普却无法抵达南非，因为还有很多事情等着他来处理，尤其是申请使用另一个重要的望远镜——在墨西哥的LMT大型毫米波望远镜。

第十三章

墨西哥，普埃布拉州，托南钦特拉

国家天体光电子学研究所

2014年4月24日

    LMT大型毫米波望远镜在它的国家非常有名，它的外形宛如一只巨大的银碗，作为一个国家的标志性建筑建造在墨西哥普埃布拉州东部边际的一座死火山——内格拉火山山顶上。内格拉火山海拔高度为4500米，比美国[①]境内的任何一座山峦都要高出150米，但它却被近邻一座海拔高度为5636米并且火山口被冰川覆盖的壮丽火山比了下去，因此并不为人所知。西班牙人将这位身材高大、魅力四射的"姐姐"取名为皮科德奥里扎巴（Pico de Orizaba）火山。很久以前居住在这里的纳瓦族人称其为星山。在他们的语言里，内格拉火山名为特利尔特佩特尔（Tliltépetl）——翻译过来

---

① 原文为Lower 48，美国的俗称，因为美国本土的48个州在墨西哥以北，加拿大以南，因此得名。

就是黑色的山。由于需要借助冰斧和绳索才能攀登到星山的山顶，不易基建，因此天文台选址在了黑山之上。

　　墨西哥政府与马萨诸塞大学阿默斯特分校合作建造了LMT大型毫米波望远镜。这是一架50米口径的可转动望远镜，是墨西哥最大的科学设备，也是全球同类望远镜中最大的望远镜。于2000年开始建造，6年后，维森特·福克斯（Vicente Fox）总统为其举行"启用"典礼。[1] 为了让总统可以如期出席典礼，工程师们匆忙赶工安装了一个几乎无法正常运作的接收机，并给它起了个绰号为"福克西（Foxy）"。当总统乘坐的直升机起飞离开后，工程师们又继续建造，5年之后，望远镜终于达到了可运行的最低门槛。之后不久，新任总统费利佩·卡尔德隆·希诺霍萨（Felipe Calderón Hinojosa）乘坐直升机来到灰色的安山岩山顶上。为了避免为同一架望远镜举行两次启用典礼，他们便将卡尔德隆总统到来的典礼称作"视察访问"。

　　在一个动乱不安的国家建造一架价值5000万美元的望远镜挑战重重。有难以证实的传言称，早些时候有人偷走了几十块用来做望远镜表面的精密面板，当警察在一座房子里找到这些面板的时候，正有人在把偷来的面板熔了。虽然天文台的第一任台长阿方索·塞拉诺（Alfonso Serrano）现在已经去世，但他仍然是一位传奇式的人物。人们依然在口口相传当初这位台长在内格拉火山脚下一个现在已经废弃的庄园里举办过一场轰动一时的聚会，政要们纷纷从墨西哥抵达利莫斯出席聚会，梅斯卡尔酒（mezcal）满地流淌。有关LMT项目的早期历史过于简略，以至于天文学家们谈论起它的时候基本都是以"如果LMT建造完成的话……"诸如此类的假设句式开头。尽管如此，在2014年，LMT还是参与了EHT项目。新任台长大卫·休斯的到来使得这个地方逐渐步入正轨。LMT对事件视界望远镜具有极大的吸引力。它的口径非常大，因此也异常灵敏。且建造在海拔高度为4500米的地方，比除智利以外的其他望远镜都要高。它的位置填补了事件视界望远镜在全球范围内的重要空白，为北美和南美之间的站点搭建起桥梁。

但是，在LMT加入事件视界望远镜项目之前，需要进行升级。LMT的改造，需要一台可以接收1毫米波长光线的新接收机，还需要额外的一面镜子将入射光传送到新接收机上；乔纳森、劳拉和鲁里克等人返回剑桥，正在研发全高速信号处理和记录仪器；还需要一个氢微波激射器原子钟。由于他们没有钱购置一台永久的接收机，所以LMT合作项目马萨诸塞大学方的首席天文学家戈帕尔·纳拉亚南正在用零配件组装一台临时的接收机。与其同时，墨西哥方正在建造新的镜子。虽然信号处理设备尚未完成，但是到2014年4月的某个时候，就该为LMT安装原子钟了。

在国家天体光电子学研究所公园式的园区里，美高森美公司（Microsemi）MHM 2010活性氢微波激射器已经准备就绪。这是一个晴朗的早晨，空气里弥漫着叶子花和街头小吃的味道。

谢普向办公室主任贝蒂·卡马乔（Betty Camacho）解释了这个任务。像其他地方的办公室主任一样，贝蒂负责这里。"这是一个重230千克的钟。"谢普说,"我们要把它运到顶点锥形房间里去。"
顶点锥形房间是一个与望远镜一同转动的拱形混凝土圆柱体。

贝蒂微笑道:"看你把钟安装上去应该会很有趣。"她用英语
说道:"它要在那里放多久?"

"一直放下去。"谢普说,"我们要把地球变成一个望远镜。"

"你用氢是想要做什么?"贝蒂问。

"当氢进入空腔中,会产生非常、非常精准的时间振荡。"谢普
解释说。这种振荡就像"时钟"一样精确,每百万年才会慢1秒
钟。"但问题是,如果我们撞击它,它只是230千克重的金属。除
非你有另一个微波激射器,否则你根本无法知晓这个微波激射器
是否在正常工作。"他思索了许久之后继续说道,"在科学中,我们
必须选择相信一些东西。"

贝蒂带谢普和其他大约六位随行人员来到高层货架仓库,存
放在这里的微波激射器已经被打包好,放进一个小型冰箱大小的
白色板条箱中,并用螺钉固定在木托盘上,箱子上面贴有"机械危
险物品"的警告标识、出口许可证和防倾斜(Tip-N-Tell)[1]标识。标
签里装有许多蓝色的颗粒物,当板条箱倾斜超过30度时,这些蓝
色的颗粒物就会从指示器里骨碌碌地滚出来。阿拉克·奥尔莫
斯·塔皮亚(Arak Olmos Tapia)是一位友善且具有威望的人,他带
领工人们将板条箱装进一辆气垫卡车,现在要开走了。

---

[1] Tip-N-Tell 是美国进口防倾斜标签。

通常来说，从学校驱车到山顶需要两三个小时。而拖着一个微波激射器，就不知道会花费多长时间。谢普坚持要求美高森美公司的技术人员——帕特里克·奥文斯——一起过来安装，在昨晚晚餐时他对谢普嘱托道："如果这个仪器从高度超过15厘米的地方摔下来，那什么办法也没有，你只能把它寄回来。""呀！"谢普发出一声惊诧。

他们还面临着另一个难题。为了方便运输，出发前，制造商不得不将微波激射器的电源和离子真空室全部关闭。而微波激射器关机的状态维持6天之后，无法再正常工作的可能性将越来越大。微波激射器被困在海关已经是第七天了。谢普对工人们说，我们"不能再拖延了"。

"好吧，这比我想象的要慢一些。"谢普说道。在普埃布拉郊外的高速公路上，车队一行打着闪灯，以每小时30千米的速度缓缓前行。

谢普正坐在一辆归属于墨西哥政府的雪佛兰汽车副驾驶座上。阿拉克开着一辆气垫卡车，作为车队领队，他对坑洼不平的路面深感恐惧，小心翼翼地控制着前进的车速。谢普用他的iPhone手机给坐在另一辆卡车上的当地天文学家乔纳森·莱昂-塔瓦雷斯打了电话，请他催促阿拉克稍微开快些。"我们必须在今晚抵达山顶，"谢普说道，"我很担心，如果开得太慢，我们就需要赶夜路上山。我们的车到时跟随在你的车后，就会有危险。我深表感谢。"

　　　　　　　　　　　　　　　　　黑洞之影

他挂断电话，说道："好啦，我们准备加速到每小时70千米。"徐徐地，车队达到新的速度，平稳行进。"这太棒了！"谢普感慨。

"我真心不喜欢这些云。"谢普说，"倒不是因为它会对天文观测带来影响，而是它们有可能使我们在前行途中忽遇暴风雨。这将使得前方道路变得泥泞不堪。"

在普埃布拉郊外行驶了三个小时，内格拉山脉终于映入眼帘。与照片上的"姐姐"山皮科德奥里扎巴火山不同，内格拉火山是深褐色的岩石丘。在几十千米之外，尽管山顶被黑色的乌云遮盖，但依稀可以看到LMT大型毫米波望远镜硕大的反射面在阳光照耀下闪闪发光。

所有人都知道通往山顶的道路十分曲折。虽然普埃布拉州的道路状态保持良好，但同时也分布着墨西哥"臭名昭著"的陡峭减速带。而真正令人犯愁的还是一条一直蜿蜒到山顶的土路——北美最高的道路。

车队驶离主干道，转而驶入一条双车道，很快，道路变得狭窄又崎岖不平。载着原子钟和工作人员的车辆缓缓地穿过阿特兹金特尔和特克斯马拉基拉由混凝土建筑的村庄，沿途路过了街边的神社、游荡的火鸡、懒散的野狗、巨大的龙舌兰仙人掌以及一位村民，他正手牵着一头驮着一捆木材的驴。羊群一时围住了车队。绵羊是当地常见的祸害。与LMT大型毫米波望远镜相关的传闻说，曾有一名望远镜的工作人员开着卡车在下山途中撞死了三只小羊。他赔钱给了养羊的村民，又用这些死了的羊举办了一次聚餐。

铺路石用完了，道路开始在六边形的鹅卵石和泥土之间交替相接。一段鹅卵石路一段土路，一段鹅卵石路一段土路。到最后，就全是土路。在路上看到一些马匹时，谢普开始轻声唱起约翰尼·卡什（Johnny Cash）的成名曲《田纳西梭哈》。之后，他开始为墨西哥城的一位电影制片人伊戈尔·吉姆内兹（Igor Jiménez）做一个关于天文观测历史的"小型讲座"。伊戈尔·吉姆内兹是谢普雇来跟拍微波激射器安装过程的摄像师。

"在爱因斯坦提出相对论之后，人们并不知道它是真是假。"谢普告诉伊戈尔，"亚瑟·爱丁顿爵士说，'你知道我们要做的就是等待日食。然后观测那些十分靠近太阳外边缘的恒星。太阳外边缘的星光应该是弯曲的。'因此，他们派遣了远征队前往巴西和非洲。好吧，我想说天气马上要变。这将是个麻烦事。谁也不希望在暴风雪中搬运时钟。"

在通过山脚下的警卫棚后，车队穿过蒙特祖玛松树林，爬上了一条蜿蜒曲折的道路。天开始下雨，然后开始飘雪。在林木线①以上，还有一些需要转弯的道路，雪越下越大，浓雾笼罩着车队。

"这真是太神奇了。"谢普说。下面的山谷隐匿在浓雾之中。"能见度很差。我们仿若置身云中。"车队原地待命。高海拔地区的天气变化多端，因此降雪随时可能会停下来，但也可能会成为

---

① 林木线是用来划分山上森林生长与不再生长的界限。

　　　　　　　　　　　　　　黑洞之影

一个严峻的问题，就曾有人被大雪困在山顶好多天。但幸运的是，这一次，雪很快就停了，就像它突然出现一般又突然消失不见。在这危急的几分钟之后，车队继续前行。

到达山顶，车队开进一扇大铁门，停在沙砾地上。近距离观察，望远镜的庞大身躯出现在视野里。白色底座支撑着银色的反射镜，整个装置有曼哈顿公寓楼那般大。天已经放晴了。工作人员与附近皮科德奥里扎巴火山的冰川站在同一水平高度。在停车场边上的一个工作棚旁，有人用油漆在一辆破旧的手推车上喷了几行字，上面写着，"Que me ves, pendejo？"①意思是，混蛋，你看我干什么？

身着海军蓝工作服的工人们解释了他们的计划，乔纳森·莱昂－塔瓦雷斯为谢普翻译。谢普指着一架和望远镜一样高的工业起重机，问道："那是用来吊微波激射器的起重机吗？"突然身处高海拔地区往往会使人神志不清。谢普突然大笑起来："我觉得这个要求可能有点过分了！"

其中一位司机回到气垫卡车上，沿着一条水泥坡路将卡车驶向一个具有工业规模的门口。工人们打开了货车货仓顶部的门，用绿色的尼龙绳和粗绳子将板条箱捆牢。一个跨着腰包的工人手里拿着一个看起来像Xbox手柄一样的遥控器操纵起重机吊到合适位置。工人们将一根缆绳钩到起重机上，所有人都后撤了几

---

① Que me ves, pendejo 是西班牙语。

步，谢普使劲咽了口口水。随着轻按了几下遥控器，起重机把微波激射器从卡车上缓缓抬了起来。"我们把它抬起来了。"谢普说道。起重机的操作人员将微波激射器平稳地放在地面上，由工人们用手推车把它运到一楼空旷的空间。

第二天早上，在距离山顶一小时车程的塞尔丹城村庄的营地休整一晚之后，工人们返回天文台，他们开始考虑如何将一个230千克的原子钟带上螺旋式楼梯这个令人头大的问题。

工人们计划使用安装在三楼底部的绞车将微波激射器从楼梯中央牵引上来。微波激射器位于一楼，需要提升到二楼。二楼再往上是顶点锥室。顶点锥形房间连接有一个金属梯子可以通往三楼，三楼是由一个条形金属构成的平台。他们的想法是将绞车固定在这个平台底部，垂一条铁链到一楼，钩在微波激射器上，然后使用绞车将微波激射器牵引到二楼。这个想法听起来很简单，但实施起来有两个难点需要克服，第一，吊到一半的时候微波激射器会在空旷的楼梯中央荡来荡去。第二，吊上二楼之后，还需要再平移几米的距离才能够到地板。

把计划变成现实超出了房间里所有人的能力，因此当看到工人们像夏尔巴人①那样"大展身手"时，谢普满是惊讶。他们搬来很多铝合金梯子，用绳子将它们拼接捆牢，仿佛他们是要穿越坤布冰川的峡谷。他们把微波激射器往上抬，直到它悬挂在底层混

---

① 夏尔巴人，居住在喜马拉雅山脉的一个部族，经常作为山中向导或搬运工。

LMT 大型毫米波望远镜

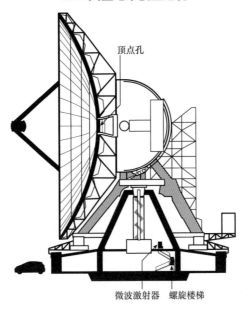

顶点孔

微波激射器　螺旋楼梯

凝土地板上方15米处。一位工人系上垂降安全带。他们把临时拼接的长铝梯拉上来，然后横架在宽阔又深邃的楼梯中央，系好安全带的那名工人将安全绳固牢在上方金属平台，走上了拼接的铝梯桥。他把微波激射器往站在上方平台的工人垂下的另一根缆绳的方向推。很快，他将第二根缆绳钩到微波激射器上，然后上方的工人慢慢放松第一根缆绳，将微波激射器的重量转移到第二根缆绳上。他们在开阔的楼梯中央摇晃着微波激射器，一根缆绳接一根缆绳地接力荡过去。大约过了10分钟后，微波激射器荡到了蓝色的橡胶垫子上，之后它将一直被放在那里。

从板条箱里把微波激射器拿出来是一场仪式。为了尽情享受这一时刻，谢普和其他人轮流拧下箱子上固定的螺钉，像奥巴马总统用22支钢笔签署《平价医疗法案》一般。他们将卸下的螺钉保管好，以便日后需要运送微波激射器时可以派上用场，这种可能还要再折腾一遍运回去的设想让杰森·索霍狂笑不已。他们把上方和四周的箱板拆掉，露出了微波激射器，这是一个黑色的金属盒子，大小与一个小型的自动取款机（ATM）相差无几。

谢普、帕特里克、杰森、乔纳森·莱昂-塔瓦雷斯和墨西哥国立自治大学的研究生吉塞拉·奥尔蒂斯着手将这台仪器投入使用。他们连接了延长线，安装上备用电池，并逐次打开了一系列阀门。他们按部就班地工作、做记录、商讨每项决策。这是因为进入高海拔地区会让人犯迷糊，天文学家们知道自己很有可能会犯错。稀薄的空气让人窒息。由于高原反应出现决策错误非常常见。

工人们边数着他们的内六角扳手，边朝木材堆走过去。混凝土建造的锥形房间里充斥着电锯和气动钻工作发出的刺耳声音。很快，工人们就建造好了一个外观貌似兔棚的结构。这便是微波激射器的新"居所"。

"下一步是让氢流动起来。"帕特里克对谢普说，"把手伸进去，旋转阀门一圈。如果你不小心转多了，导致阀门从你手上滑脱，那也无妨。"

谢普跪坐在微波激射器旁边，把手伸进微波激射器的底部敞口，打开气流阀门。正如他所做的那样，氢分子开始从储存罐流入放电管中，在那里电弧会将氢分子电离成单个原子。氢原子随后将通过一个状态可选择的磁场，流入一个表面具有聚四氟乙烯涂层（Teflon-coated）的石英储存灯泡中，这个灯泡位于一个被调谐的铜腔当中。他们知道，当放电管发出紫色的光时，代表微波激射器工作正常。"好啦。"谢普说，"现在我们只需要静候。"

他们在等待的同时，还着手将微波激射器与望远镜的操作系统连接起来。他们在顶点锥形房间和各楼层之间连接了电缆，在三个楼层上都放置了接收机、信号处理器、服务器、数据记录器、监视器和操作人员用来控制与操作这架巨大望远镜的计算机。

几个小时过去了。傍晚时分，天文学家们轮流跪坐在微波激射器旁边，仔细地检查微波激射器的底部，就如同在检查一辆跑车的底盘。直到放电管发出了淡紫色棉花糖般的光芒。这信号令人感到如释重负。就在这时所有人都出现了高原反应。"啊，我的头好疼。"谢普嚎叫，"正如我妈妈常说的那般，我觉得自己就像一个五磅重的袋子里装满了十磅屎。"[1]他们把用胶合板造的兔棚样挡板抬起来，罩在微波激射器上面。为了保暖，他们还在上面盖了一条毯子。

---

① ten pounds of shit in a five-pound bag，五磅重的袋子里装满了十磅屎，俚语，表示脑子里一团乱麻，一团糨糊。

第十四章

马萨诸塞州，剑桥

哈佛-史密森天体物理中心（CfA）

2014年6月11日

2012年在图森举行的事件视界望远镜启动会议上签署的意向书承诺，他们会及时撰写协议备忘录，让整个项目合法化。然而过了两年，这份协议备忘录也没有付诸笔端。海诺团队的加盟使得协议备忘录的撰写任务变得刻不容缓。因为他们迫切需要为新的成员制定规则和期望，即加入需要付出什么，期望你做什么，以及你能够得到什么回报。

谢普并没有竭力掩饰他对海诺资助的敌意。因为他看到，海诺和他的团队现在直接加入了一个十几年的大项目中来，前途无量，而谢普和其他早期的参与者此前已经承担了项目的所有风险。这公平吗？或许可以有一种应对机制，但是谢普认为，只要事态没有严重到一触即发的地步，他们都不会去处理这些问题。

人们梦寐以求想要加入进来是有缘故的。他曾经说过，事件视界望远镜理应被视为一个主要目标，不仅仅是天文学或物理学上的目标，更是科学上的目标。他认为他们可能会处在历史进程的重要节点，在第一张黑洞照片出现之前和第一张黑洞照片出现之后。而这中间可能仅需要付出一两年的艰辛努力。

但是，在此期间，每个人都必须就一份非盈利组织结构图以及其他规则和细则达成一致，最终形成一份协议备忘录。下一个可以使所有人坐在屋子里协商协议备忘录的机会将在6月上旬到来，届时，高级别的人、望远镜主管以及其他重要的有签字权的人士将在剑桥举行庆祝SMA亚毫米波射电望远镜阵十周年的会议。然而，在那次会议之前的几个月里，谢普正忙于运送和安装微波激射器、撰写提案，焦头烂额，天知道还有什么别的事情，此外，他和家人还计划在6月下旬出发到以色列旅行，因此，谢普四处寻求江湖救急。他将一份名为《事件视界望远镜章程》的协议备忘录分别发送给了几位其他合作项目的负责人，请他们帮忙参谋接下来可以怎么做。后来，他回忆说这是一个所有事情都一团糟的时刻。

当他再次看到这份章程时，上面堆积了很多法律术语。在哈佛-史密森天体物理中心①开会的那日，他们协商了《建造和运作事件视界望远镜的合作协议》草案（也就是上文提到的协议备忘录）。草案里详细制定了"现在和接下来准备进展的内容"和"监督

---

① 哈佛-史密森天体物理中心（CfA）位于剑桥。

和监管委员会"管理办法。监督和监管委员会，简称EHTC（Event Horizon Telescope Collaboration）委员会。在吸纳了海诺的项目之后，事件视界望远镜-黑洞相机（Event Horizon Telescope-BlackHoleCam）这一超级团队简称为事件视界望远镜合作组织。草案里还制定了"事件视界望远镜的管理团队以及团队发言人"管理办法，后者可直接向委员会报告，而委员会会与科学咨询委员会进行交流。这份草案旨在替代他们在2012年图森会议期间签署的那两页知情函，但是这间屋子里基本没有人在此之前阅读过这份草案。

谢普并不喜欢这份文件。主管除了执行委员会的意愿外还做什么？假设他被任命为主管，他会被任命为主管吗？委员会有权利解雇他吗？再者，科学咨询委员会是负责什么的？他们是否打算将好的工作内容，也就是说从已经初步处理完成的数据中，真正去探索自然中隐藏的未知的工作拱手交给由镶有木板墙办公室的人组成的一个"委员会"？

每个人对章程都有各自的不解。他们花了两个半小时针对这些疑问进行讨论，而忽视了当天议程上的其他所有安排，其中包括讨论所有问题当中最棘手的一个问题：如果这个成员扩大并且新框架下的EHT项目，成功拍摄到黑洞的第一张照片，它的版权将归属谁？

* * *

在谢普出发前往以色列的前一晚，他心中疑虑重重，他坐下

　　　　　　　　　　　　　　黑洞之影

来与艾丽莎交谈。他告诉艾丽莎，美国国家科学基金会给他发了封电子邮件，约他明天详谈有关700万美元资助的事情。此前，谢普已经知晓他们曾给另一位申请者打电话告知了资助被拒的消息。按照惯例，这些资助的消息，通常是先通知"被拒的"，接下来才会开始通知"通过的"，所以谢普原本期望等到9月份再接到通知。除此之外，他们还缺少一份正式的合作协议，谢普认为，协议的达成可能会解决他们当下的问题。抛开带着四口之家飞往另一个国家旅行前的焦虑不谈，不难看出谢普为什么告诉艾丽莎他知道资助已经黄了。明天，美国国家科学基金会将告知他，EHT项目从现在直到望远镜第一次观测期间的资助提案被拒这一残酷的消息。

但在第二天，当艾丽莎和孩子们在房间里匆匆忙忙地打包行李准备前往机场时，谢普致电美国国家科学基金会的项目负责人，然后，好吧，你知道吗？出乎意料的，他们的项目并没有黄。美国国家科学基金会显然忽视了他们目前尚缺少一份正式的合作协议，因为他们同意提供700万美元的全部资金资助。谢普挂断电话后，向合作伙伴们群发了一封简短的电子邮件，告知他们这一好消息。大量回复恭贺的邮件蜂拥涌入邮箱。在那一封封简短而又有趣的回复当中，没有人提及，但是很多人都知道，他们一直在与他们自己的一个望远镜CARMA毫米波组合阵竞争同一笔资助。他们赢得了最终的胜利，而CARMA败下阵来，这一结果可能会造成CARMA望远镜在不到一年的时间之内被拆除。

第三部分

黑洞火墙

第十五章

从某种角度上来看，黑洞是宇宙中让人绝望的存在，这是因为黑洞会将你囚禁在其中，抹掉所有你存在过的痕迹，然后彻底从世界上消失。对大多数人来说黑洞实在是过于黑暗并且毫无希望。这也就是为什么理论物理学家们花费了数十年的时间来思索史蒂芬·霍金有关黑洞会销毁信息的这一发现。他们的目标是找到一种信息可以逃脱黑洞引力束缚的方式，因为从根本定义上来说，黑洞是个无法挣脱的牢笼。在这一追求下，科学家们想知道掉进黑洞中的信息是否会被吸进一个新的婴儿宇宙当中。他们想知道黑洞蒸发之后是否会留下一些遗迹，比如一些原始的灰烬，上面记载着所有曾经掉进黑洞的事物的过往。不过，这些想法都没有伦纳德·萨斯坎德（Leonard Susskind）、拉鲁斯·索尔拉休斯（Lárus Thorlacius）和约翰·格卢姆（John Uglum）在20世纪90年代初提出的黑洞互补理论（Black-hole complementarity）[1]带来的影响深远。

黑洞互补理论涵盖了20世纪30年代令科学家们十分反感的依赖于观测者的怪诞现象，当时罗伯特·奥本海默和哈特兰德·斯奈德预言，一个掉进黑洞的人将经历完全不同于远距离观测者看到的情形。在量子力学中，光具有波粒二象性，它的形式取决于观测者如何进行观测。萨斯坎德和他的团队提出，对于黑洞也有类似的情况。在萨斯坎德-索尔拉休斯-格卢姆理论（Susskind-Thorlacius-Uglum）（又被称为黑洞互补理论)中是这样阐释的，一个人掉进黑洞，他(或她)会穿过视界面，最终坠向奇点，在奇点处他(或她)将被挤压成某种人类无法理解的状态。但是，在远距离的观测者看来，他会看到掉进黑洞中的人被挤压得扁平，并且一直停留在视界面上。这两种情形都是正确的。观点是成立的，它们相互并不矛盾，因为根本无法找得到一个实验可以证明它们之间的矛盾性。这是由于唯一可以见证人可以完好无损地通过视界面的观测者应当位于视界面之后，这意味着这个观测者将与宇宙其他部分隔绝开来。

黑洞互补理论还提出，视界面外的一些奇异表面储存着有关黑洞内部的信息。黑洞可以存储信息，时空每一个基本粒子每一种状态的所有的信息，无论这些粒子是什么，是弦、是膜还是环。物理学家们将这些未定义的状态称为"自由度"。我们对编码记录了三维区域信息的二维表面非常熟悉，将其称为全息图。因此，所有关于黑洞内部的信息都刻在视界面外的表面上的理论被称为全息原理(holographic principle)。

这就是说，某个区域的全部内容，也就是每一个亚原子粒子的每一种状态，都可以像全息图一样编码在围绕该空间的二维边界上，这听起来非常荒诞。但是，如果你认可数学和逻辑可以揭示事物的无畸变基础，这就是这个原理想传达的内涵。那么，为什么三维区域不能包含比其二维边界更多的信息？因为如果真的是这样，它将会坍缩成一个黑洞。后来，物理学家们将全息原理扩展应用到黑洞以外的其他系统。全息原理可能适用于整个宇宙。它似乎是自然界的一种基本法则，即事物运转的规律。

1997年，史蒂芬·霍金和约翰·普里斯基尔打赌说，[2]黑洞一定会销毁内部的信息。直到2004年，拯救信息的全息原理已被广泛接受，霍金才承认打赌输了。[3]危机似乎已经过去了。然而，八年过后，它又再次席卷而来。

2012年早春，加利福尼亚大学圣巴巴拉分校的理论物理学家约瑟夫·波尔钦斯基（现已故）和同事唐纳德·马洛夫（Donald Marolf）以及两名学生艾哈迈德·阿尔梅里（Ahmed Alsheiri）、詹姆斯·萨利（James Sully）合作，填补黑洞互补理论标准图像中缺失的细节。但出乎意料的是，他们发现，认为黑洞互补理论不起作用的理由是说不通的。[4]

波尔钦斯基和同事们一致认为，支持黑洞互补理论的论据中包含了一个会带来巨大后果的微妙缺陷。这一缺陷涉及量子纠缠现象，一种可以在亚原子粒子对之间产生的奇异关联。波尔钦斯基在《科学美国人》（*Scientific American*）杂志上写道，[5]如果将粒子比作骰子，那么纠缠粒子对将是两个骰子，它们总是和为7。也就是说，如果你掷骰子，第一个掷出为2，那么第二个总会出现为5，以此类推。同样地，当科学家们测量出一对纠缠粒子的特征时，相当于也确定了它同伴的特征。无论两个粒子相距多远，这种纠缠都会发生，哪怕黑洞视界面将两个粒子分开亦是如此。

纠缠在黑洞蒸发的过程中扮演着举足轻重的作用。在量子论中，真空永远不会完全空。它总是伴随着虚粒子对的自发产生和湮灭而"沸腾"。通常来说，这些粒子会立即生成并迅速湮灭。而在黑洞的视界面附近，情况则截然不同。在那里，虚粒子对一从真空中出来，引力就有概率会把它们分开。如果这对粒子中的其中之一掉进黑洞当中，而另外一个逃逸出来，那么逃逸的粒子将会成为被称作霍金辐射（Hawking radiation）的"真实"粒子。

黑洞互补理论支持霍金辐射的粒子是纠缠的这一观点。波尔钦斯基和他的团队认为，如果事实果真如此，将会产生矛盾。霍金辐射源于一对虚粒子的出现。一个粒子掉进黑洞当中，一个粒子逃脱出来。但是这两个粒子还是纠缠在一起的，量子纠缠被认为是"一夫一妻制"的。逃逸的霍金粒子不能与它的虚粒子伴侣以及其他已经逃离出黑洞的粒子纠缠在一起。这也意味着当霍金辐射发生时，出射粒子和入射粒子之间的纠缠必须被打破。纠缠状态的打破是一个释放能量的物理过程，波尔钦斯基的团队认为，这些能量足以焚烧掉所有打在黑洞视界面上面的物质，使视界面成为一堵"火墙"。从某种意义上来说，这堵火墙就代表着时空的边界。

火墙的观点刺激到了物理学家们。理论家拉斐尔·布索

（Raphael Bousso）接受《纽约时报》（the New York Times）的采访时说：[6] "我从来没有如此诧异过。我不知道接下来会发生什么"。布索说，火墙悖论给科学家们提供了"来自地狱的选择"。正如报告人丹尼斯·奥弗比（Dennis Overbye）所剖析的那样，"无论哪种信息都可能会丢失，要么爱因斯坦的质能关系是错误的，要么描述了基本粒子和力是如何相互作用的量子场论是错误的，需要修正。放弃上述原理中的任何一个，都会给现代物理带来革命性或者极其糟糕的改变，甚至，两者都有"。

理论学家们提出了火墙问题的解决方案，这个问题的解决速度非常快以至于大家甚至都还没读完这个问题是什么，它就已经被解决了。2014年1月22日，史蒂芬·霍金加入了这群人的行列中来，[7]他在网上发布了一份长达四页的技术论文，其中含有"没有黑洞"的字样。这一部分引用导致了误导性的头条新闻，并在社交媒体上广泛流传开来。《纽约客》（the New Yorker）网站上发表的一篇幽默文章的标题写道，[8] "米歇尔·巴赫曼（Michelle Bachmann）说史蒂芬·霍金在黑洞问题上的失误表明一味听取科学家的意见是危险的"。事实上，霍金并没有否认黑洞的存在，相反他提出了一种思考视界面的新思路。也许旧的不可侵犯的视界面更像是一个"表象"的视界，它只是暂时地捕获光和物质。最终也许它会消失，让里面的东西以令人难以置信的乱码形式逃逸出来。如果这种说法正确的话，黑洞信息佯谬（Black-hole information paradox）和由此产生的所有荒谬想法，包括火墙都将不复存在。不过，尽

　　　　　　　　　　　　　　　　　　　黑洞之影

管霍金在学术界享有"半神"的神圣地位，但他的提议也不过是众多提议之一。

加利福尼亚大学圣巴巴拉分校的教授史蒂夫·吉丁斯花费了数年的时间试图解决信息从黑洞中逃逸的问题。他认为自己找到了这一难以破解的谜题的弱点——局域性。

黑洞信息佯谬通常被描述为广义相对论和量子力学之间的双边冲突。而实际情况则更为复杂。三个原理在黑洞视界面上产生了冲突：爱因斯坦的质能方程，这是广义相对论的基础；统一性原理，它要求量子力学方程在两个方向上均能很好地适用；局域性原理，这是可以被理解的最普遍的概念，即所有事物都存在于某个地方。[9]然而，很难用科学的方式严谨地定义局域。一个可以被广泛接受的定义与光速相关。如果局域性是我们宇宙中的一个普遍现象，那么世界就是一群进行无规则相互碰撞、相互交换能量的粒子。粒子和粒子之间相互传递作用力，而且没有什么事物的速度能够超越光速，即便是这些搬运作用力的粒子。

但是我们知道局域性的限制有时会被打破。例如，即使位于不同星系中相互纠缠的量子粒子，也会在瞬间产生相互影响。在吉丁斯看来，量子力学和广义相对论的某些方面都被证实几乎无法再进行优化，而局域性原理也有其弊端。毕竟，黑洞藏匿和销毁信息的全部原因是局域性原理，也就是说没有什么事物的速度能够超越光速，因此没有任何东西可以从黑洞中逃逸出来。如果存在某种非局域效应可以将信息从黑洞内部传递到外部的宇宙

视界面：量子可能性

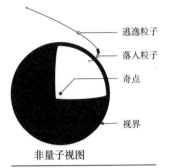

逃逸粒子
落入粒子
奇点
视界

非量子视图

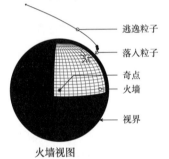

逃逸粒子
落入粒子
奇点
火墙
视界

火墙视图

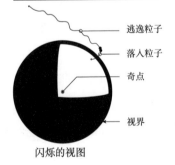

逃逸粒子
落入粒子
奇点
视界

闪烁的视图

中来，那么一切就万事大吉了。

他解决问题的第一个途径就是通过思考发问，在黑洞生命中的某个阶段，由掉进黑洞的物质组成的遗迹是否会以某种方式，[10] 通过新的、未知的物理途径，以超光速的速度向外扩张，从而冲出了视界面。同时，他还想知道是否还存在其他非暴力的方式。有没有什么办法可以将信息印刻在已经以霍金辐射形式辐射出的能量上？他认为这是一种显而易见的方法：黑洞的引力场是否存在微小的波动，这些波动是否取决于黑洞内部的状态，如果这些波动可以传递到视界面之外，则会对霍金辐射所携带信息的内容产生影响，这将意味着被囚禁在视界面里面的信息可拥有逃出生天的希望。

他称为非暴力信息传递的想法纯粹只是推测，但能否定这种

黑洞之影

悖论的方式太少，所以尝试一些大胆的思考是合理的。与某些针对信息悖论提出的解决方案不同，它或许是可检验的。为了从黑洞中获取信息，这些引力的波动必须能够传递到黑洞之外。吉丁斯意识到，如果这些波动足够大，它们就可能会影响黑洞周围光的传播。这意味着如果它们是真实存在的，就将有机会看到它们。

2012年，迪米特里奥斯·普萨尔蒂斯来圣巴巴拉访问时，吉丁斯这才第一次了解到事件视界望远镜。在接下来的几个月当中，他一直在思考这些引力的波动看起来可能会是什么样子的。到了2014年春天，在他脑海里已经勾勒出了大致景象。引力场的波动可能导致黑洞辐射的光发生轻微闪烁。他最喜欢用"闪烁"一词来描述这一现象。逃离视界面的信息将在黑洞周围的大气中闪烁。[11]虽然机会非常渺茫，但是事件视界望远镜仍有机会观测到它的发生。

第十六章

马萨诸塞州，莫尔登

2014年7月

谢普每天早上5点左右就会起床，这对那些取得非凡成就的人来说是一个关键性的时间点。不过这段时间以来，他常常在凌晨3点钟醒来，因为他的脑海中总会噩梦般不由自主地浮现出一份长达两页半的待办事项清单。

在与哈马斯爆发战争期间，他刚刚从以色列结束了一段不太轻松的家庭度假，不久后，他就打印出了这份清单。在他们参观耶路撒冷大屠杀历史博物馆的那天，当他们走出博物馆大门时，刺耳的警报声突然拉响。所有人都慌忙地跑回室内，争先恐后地躲进地下停车库，在那里依然可以听到金属弹片叩响的声音。反导拦截器从移动发射车上发射升空。半空中传来轰隆隆的爆炸声。

现在，谢普不得不需要面对CARMA即将被拆除的事实。他知道事件视界望远镜正在与CARMA竞争美国国家科学基金会提供的固定拨款，但出于政治原因，他们所能做的只有祈祷双方都能获胜。但这并没有发生。如果拿不到资助，等到明年4月，CARMA花光了仅剩的积蓄后，工人们就需要将天文台的23面大反射镜吊上平板卡车，全部运下山去。按照美国林业局的要求，CARMA的最后一笔开销必须用于把所拥有的土地恢复为原始的自然状态。

理论上来讲，事件视界望远镜可以保证纵使失去一个站点，也依然能顺利地完成黑洞照片的拍摄。但是实际上，由于天气恶劣的不可控因素，通常他们每次观测都会失去一个站点。事件视界望远镜的"力量"，也就是它对现有望远镜高效利用的能力，只有当所有望远镜都正常工作的时候才能真正发挥出来。

所以他们计划明年再开始观测。他们哪里还有什么别的选择？计算机的模拟显示，对于拍摄人马座A*和M87黑洞的图像，CARMA即使不是必不可少的关键站点，也是十分接近的那个。谢普一直希望能有些亿万富翁能以每年600万美元的资助投入，把自己的名字冠名在CARMA上，但大家一致认为这是痴人说梦。他们看起来别无选择，必须在明年3月之前将整个EHT组合好，并找到某种方式说服ALMA加入，在最糟糕的情况下，希望新的计算机模拟结果能告诉他们，纵然没有CARMA，他们也不会失败，但事实是，他们会失败。

因此，从以色列返回之后，谢普打印出一份简洁的清单，列出了在2015年春季观测之前必须要完成的事项。清单中的每一项都囊括了自己的子系统，也就是说上面的每一项都需要严格遵循其自身的规律。最后的结果是，在接下来的几个月里，他们不得不在计划使用的几乎每台望远镜上安装设备，其中有一些设备还尚未开始制造。

很久之前他们就发现，仅仅协调这些望远镜并无法实现他们的目标。他们必须继续他们的长征路，向着更高带宽、更快的电子设备、更大的数据包的目标迈进。明年的目标是达到16 Gb/s。要实现这一目标，他们必须在每个站点上安装全套的最新VLBI技术设备：多台马克6数据记录器（Mark 6 recorder）、新的数字后端、新的降频转换器。好的消息是，马克6数据记录器是现成的。但坏的消息是，想要这些仪器正常工作，必须要有一位对它们非常谙熟的工作人员守在附近，随时待命，一旦发现仪器停止记录时，就立即前去修理。新的数字后端仍在设计当中。乔纳森、鲁里克和劳拉都在编写配套的程序。谢普在哈佛-史密森天体物理中心的办公桌下放着一块价值14万美元的计算机芯片，这非常有趣，由于他在剑桥市中心的一栋开放式的建筑里面办公，因此他把笔记本电脑锁在办公桌上。降频转换器也在设计当中，它可以对望远镜接收机发出的原始模拟信号进行调谐，以备处理之需。

南极点望远镜（SPT）需要全球定位系统（GPS）、一个微波激射器时钟、测试设备和一个新的接收机，丹·马龙和他的团队正在图森制造这些仪器。LMT已经有了它的微波激射器，但戈帕尔·纳拉亚南仍在收集零部件，准备为望远镜组装一个廉价的通用型接收机（Franken-receiver）。

最后一件事就是要争取 ALMA 的使用时间。在 8 月份，谢普将飞往智利，正式移交他们春天从海斯塔克天文台运来的微波激射器。在那里，他将与天文台台长皮埃尔·考克斯进行会面，并尽力确保 ALMA 明年春天可以加入到他们的行列当中。自从 2 月份与皮埃尔进行那通秘密通话以来，谢普只收到了一些有关 ALMA 意向的聒噪又含糊不清的讯息。但是谢普相信皮埃尔会理解局势紧迫。如果 CARMA 不能得救，那么明年春天可能是用完整的、未折中的、地球尺寸大小的望远镜进行观测的唯一机会。他的任务就是说服皮埃尔，在明年春天到来时，事件视界望远镜将准备就绪。如果皮埃尔问明年春天之前他们需要做多少工作，谢普可能会遮掩其中的细节。

智利，圣地亚哥
2014 年 8 月

皮埃尔同谢普在圣地亚哥的一家意大利餐厅吃午餐，他向谢普讲述了他的困难。被送去探测冥王星的美国国家航空航天局（NASA，National Aeronautics and Space Administration）太空探测器新视野号（New Horizons）正在飞离太阳系的外围，距离目标只有不到一年的时间，而返回地球的信号也不能完全确定冥王星的位置。[1]当然，任何人都可以用望远镜找到冥王星。但是，谁能让一艘以每小时5万千米的速度飞行的宇宙飞船沿着正确的轨道行进，并确保在明年7月与冥王星这颗矮行星会合呢？不，他们不能。因此，NASA向ALMA的科学家们寻求帮助。ALMA的科学家将冥王星的运动与距地球100亿光年的类星体进行了比较，并以两倍于先前测量精度的精度测量了这颗矮行星的视差。NASA修正了太空探测器的飞行路线。天文学家之间互相帮助，这真是一个美好的时刻，直到有人发布了ALMA在帮助NASA的过程中拍摄的冥王星照片之后，一夜之间形势反转。ALMA的规则规定，这些照片不能发布，因为它们是以尚未正式授权公众使用的观测模式下拍摄的。皮埃尔的观点是，谢普想要使用的高频VLBI技术模式也是未被批准向全球天文学家们开放的模式。而且，如果他不走规定流程，直接给谢普望远镜观测时间的话，那么以后这类要求将无休无止。"我在冥王星方面已经遇到了麻烦，"皮埃尔说，"想象一下，若是在银河系中心将会面临什么问题。"

"这种麻烦会随着观测天体质量的增大而增加吗？"谢普开玩笑道，"如果是这样的话，那我们就有麻烦了。"

谢普前往智利任务的最后一站——ALMA高地。他在背包里背上氧气瓶，拜访这个世界上第二高的建筑物，其高度仅次于建在中国西藏铁路的一个火车站。ALMA拥有世界上速度最快的单用途超级计算机，谢普的同事正在进行操作。他看到了已经安装好的相控接口卡（Phasing Interface Card），可以把地面上数百根光缆的信号关联起来。谢普拿出他可靠的手持式如炸弹般的铷晶体振荡器，解决了ALMA原有晶体振荡器与全新微波激射器之间不匹配的问题。最终当发现问题不是出在他的设备上，而是出在ALMA的设备上之后，他松了一口气。

此刻，一边吃着挤了柠檬汁的三文鱼，一边喝着红酒，谢普感到他通过特殊渠道来获得使用ALMA的机会正在悄悄地流失。他的策略是先树立信心，他向皮埃尔表态，他们过去从未让天文台台长难堪过，如果皮埃尔给他们这次机会，他们一定会圆满地完成任务。显然当信心不足以完成交易时，谢普打出了手中剩下两张牌中的第一张牌：他提醒皮埃尔，他们一直指望的其中一个望远镜CARMA要被拆除了。这次是他们构造他们梦想阵列的最后一次机会了。

啊，皮埃尔反驳道，但是如果你如此地依赖这个站点，那么事件视界望远镜计划的可靠程度究竟如何呢？

谢普只得打出下一张牌。

皮埃尔，你还记得，G2气体云正在向银河系中心靠近，这给了我们一个千载难逢的机会来实时观测黑洞的进食过程。

但是G2气体云正在逐渐消失，不是吗？

这是事实。G2气体云直接掉进人马座A*并引发宇宙烟花的可能性已经变得非常渺茫。所有天文学家们都在观测它，但没有任何发现。

谢普提出的每一个理由，皮埃尔都微笑着回绝了他，从始至终他从未说过一个"不"字。但是，当谢普离开智利时，他开始怀疑，对他毕生事业来讲非常重要的获得望远镜观测时间的特殊使用权，马上将因为某种他自己也不明白的原因被取消掉。

第十七章

马萨诸塞州，剑桥

哈佛-史密森天体物理中心

2014年9月

从智利回来以后，谢普转而继续筹集资金，但这一举动并不十分合逻辑。因为，事件视界望远镜拥有充足的资金，足以支持它完成第一次观测。而且，为了筹备明年春天的观测，他们还有大量的工作需要完成。但是，撰写资助申请从未间断过，机会不断地涌现。金钱吸引着金钱。

在《新科学家》(New Scientist)和《纽约时报》的报道中，[1]在谢普在智利期间录制的公共广播电视公司（PBS, Public Broadcasting Service）"新闻小时"纪录片中，在美国国家射电天文台（NRAO, National Radio Astronomy Observatory）和其他相关机构的新闻稿中，都不断宣传着事件视界望远镜项目团队取得的点滴进展，比如在ALMA安装微波激射器，对于公众来说，这个项目看起来像是一件板上钉钉的事情。外界并不知道谢普和海诺仍然无法就如何统一他们的团队达成共识，尽管他们希望在11月加拿大安大略省滑铁卢的一次大型会议上解决这个问题。外界也不知晓CARMA，这个事件视界望远镜项目一直指望的一个望远镜即将被拆除。他们更不知道事件视界望远镜团队能否顺利获得ALMA的使用权取决于能否成功完成充满未知且不断变化的阶段性成果和需求。但是现在，富有的人想要进行投资。或者更确切地说，他们对提案感兴趣。

这些提案都是厚重精装的文件，里面是密密麻麻布满九号字体、绘图和计算机模拟结果的技术性报告。9月的时候，谢普正在处理要递交给坦普顿基金会 (Templeton Foundation)、西蒙斯基金会（Simons Foundation）、美国国家科学基金会的数百万美元的提案。这些天，他将工作周分配在海斯塔克天文台和哈佛-史密森天体物理中心，因此他将他的苹果笔记本电脑从海斯塔克的办公桌带到了哈佛-史密森天体物理中心的办公桌上，偶尔他喜欢在"Hi-Rise"面包店内的桌前坐下来，匆匆阅读提案以及回复大量的电子邮件。但更多的时候，没有人知道他在哪里。他似乎很享受这样。

乔纳森对谢普的筹款行为感到困惑。因为在明年春天之前他们还有繁多的问题亟待解决。乔纳森认为，其中一个原因是他们在使用那些已经拥有的资金时不够积极主动。乔纳森认为谢普是一个在经济大萧条时期成长的孩子，在稀缺匮乏的环境下长大，因此他现在才会在濒临成功的边缘，将资助得到的钱"藏在床垫下"。他们需要雇用很多人员，比如他们讨论了一年多的项目经理以及一位专业的组织者，他可以妥善地处理这些令谢普头大的繁多的物流细节。

乔纳森花了好几天的时间来完成属于他的那份待办事项清单，这个清单是谢普在那个夏天早些时候的夜晚流汗撰写的。从博士后办公室楼下，也就是康科特大街160号的地下一层的一间无窗实验室里，乔纳森、鲁里克和劳拉制作并调试了新的、更快版本的后端硬件，这个硬件可以将来自天空的光线数字化并记录下来。他们编写了程序并测试了现场可编程门阵列，使其超出了行业目前的极限，并测量了芯片上各门之间的路径长度，增加轻微的延迟，这里延迟一纳秒，那里延迟一纳秒，这样脉冲信号每次通过电路的时钟时间才可以被协调。他们工作得十分麻利。因为他们必须要赶在9月底之前把SPT南极点望远镜的新数字后端送到加利福尼亚去，这样才能确保它能够搭乘VXE-6（the Puckered Penguins）飞机一起抵达南极。

随着截止日期的临近，天气变得越发凉爽，剑桥[①]也迎来了大批返校的学生。距离劳拉和迈克尔·约翰逊来到这里，待在康科特大街160号的博士后办公室里已满一年的光阴。墙上挂着会议的海报，背包随意地放在地板上。在一个摆满电子工程教科书

---

① 这是指位于剑桥的哈佛大学。

的颗粒板材质的书架上面放着一台浓缩咖啡机，乔纳森买这台浓缩咖啡机是因为楼下的BICEP-2小组①也有这样一个。他认为喝咖啡能帮助思考得出答案，但现在，他也不太确定了。

BICEP-2是位于阿蒙森–史考特南极站的一架望远镜，科学目标是研究宇宙微波背景，即大爆炸遗留下来的远古冷却的光。宇宙微波背景几乎均匀地分布在宇宙，在宇宙历史的最初时刻，由于量子涨落而引起密度上的细微变化。这些涨落形成了未来宇宙的种子，这些结构的微粒在亿万年中像滚雪球一般演变成了如今的恒星和星系。3月份的时候，乔纳森挤在菲利普斯礼堂拥挤的楼厅上，围观BICEP-2团队的科学家们宣布他们的重大发现。该团队的负责人约翰·科瓦奇(John Kovac)是一位四十多岁、身体健壮、有着一头浅黄色头发的男士。他对聚集起来的科学家和记者们宣布，他们在宇宙微波背景的偏振中发现了微弱的旋涡模式，并称之为b模式(b-modes)。宇宙暴胀理论是宇宙大爆炸的主要模型，它预测了在宇宙历史的最初几秒内，宇宙从质子大小的万亿分之一暴胀到一个垒球大小，然后以指数形式增长。那最初听起来不可能的暴胀蕴藏着如此巨大的能量，甚至允许大量粒子从无到有地生成。其中包括一种被称作引力子的假想粒子，在量子理论中，引力子携带有引力。这些引力子将导致BICEP-2望远镜明

---

① BICEP 是 Background Imaging of Cosmic Extragalactic Polarization（宇宙泛星系偏振背景成像）的缩写。

显观测到的旋涡模式。如果能得到证实，那么这一发现将是证明宇宙暴胀理论的第一个直接证据。引力波是一种时空弯曲的涟漪，这一发现将标志着对原初引力波的首次直接观测，以及对量子引力和引力子的首次瞥见。它也可以被视为霍金辐射的第一次探测。物理学家比尔·安鲁（Bill Unruh）在20世纪70年代证明，空间的极快扩张会产生辐射，如同霍金辐射一般。这意味着在宇宙微波背景的极化中产生涡旋模式的引力子是通过与黑洞蒸发相同的过程产生的。

听到这一消息，大家都非常震惊。一位宇宙学家在接受《纽约时报》的采访时表示，"这是一个巨大的，非常非常巨大的消息"。YouTube上一段被浏览了近300万次的视频中，[2]一位摄像师跟随斯坦福大学教授郭超麟（Chao-Lin Kuo）敲开了他同事安德烈·林德（Andrei Linde）的门，安德烈·林德是宇宙暴胀理论的提出者之一。林德和他的妻子穿着做了一早上家务的居家服来开门。"我有一个令人震惊的消息要告诉你。"郭告诉他们。很快，他们拔出了一瓶泰坦瑞香槟酒上塞紧的软木塞，庆祝这一好消息。

在菲利普斯礼堂新闻发布会召开的六周之后，约翰·科瓦奇入选了《时代》（Time）杂志年度全球100位最具影响力人士的榜单。但当时有传言称科瓦奇的团队错误地解读了他们的结果。5月12日，《科学》（Science）杂志上发布了一则标题为"有传言称，轰动一时的大爆炸结果可能是错误的"的短讯[3]。控诉科瓦奇和他的团队在从结果中减去银河系尘埃的扭曲效应时犯了一个错误。

BICEP-2结果中显示的旋涡状图案不是从宇宙伊始就存在的涟漪，它们很可能是漂浮在前景中的宇宙尘埃。在经过一番争论之后，科瓦奇最终承认，是的，他们可能犯了一个错误。但是这要等到9月份，普朗克卫星的科学家们发布了有史以来最为详细的宇宙微波背景巡天项目的结果之后，才能得知真相。

当普朗克卫星的观测结果出来后，结论是残酷的。BICEP-2团队可能看到了宇宙暴胀的痕迹，但是也并没法说明他们没有看到宇宙尘埃。最终媒体宣布，BICEP-2的发现与它在春天带来的那场欢庆，一起死亡。正如《纽约时报》的丹尼斯·奥弗比所写，"星尘挡住了他们的视线"[4]。

乔纳森并不认为BICEP-2团队真的做错了什么。他们发现了结果，就公布出来，并告诉大家他们的结果也需要像所有的科学发现一样接受重复实验的检验。然后，当矛盾的检验结果出来之后，他们承认他们做错了。这无伤大体，他们会进行再一次的尝试。科瓦奇的团队将在几个月之后飞往南极，把望远镜的灵敏度提高。他们将升级后的望远镜命名为BICEP-3。

但是BICEP-2团队的失误提醒了谢普。他认为这是一个具有警示性的事件。在这个窥探未知事物的行业里，当决定对外分享你的发现时，你最好确保你不只看到了你想要看到的东西。

即使他们使用了直径为地球大小的望远镜，黑洞的阴影也不太可能百分之百就出现在他们的数据库中。他们将不得不从PB级的海量数字噪声中挑选出他们所需要的数据。同时，他们还必须要向他们自己以及同行证明，他们并没有期待着黑洞阴影的存在，他们没有从一个由0和1组成的毫无意义的场中变出一个图像。因此，他们不得不采取制衡策略。欧洲、日本和美国的小组都会独立地处理同一批的数据，并且每个小组之间互不交流，以免干扰其他组的想法。他们还会额外采取其他的保证举措。比如说，谢普已经开始与麻省理工学院比尔·弗里曼实验室的机器视觉专家团队进行交流。

弗里曼的实验室位于麻省理工学院计算机科学与人工智能实验室中，是一个扩展感知的宝藏地。他和他的学生以及博士后们已经弄清楚了如何放大视频当中一些不易察觉的细微动作，[5]例如，新生儿躺在婴儿床上呼吸时胸部的微小起伏。每一个有脉搏跳动的人都有，但从未明显看见的肤色变化(苍白、泛红、苍白、泛红)，现如今都可以被他们看到。他们将其称为运动显微镜。他们发明了一种"视觉麦克风"，[6]可以通过室内植物的叶片或一袋薯片产生的振动来重建还原声音，包括人的语音。谢普想知道他们是否有从稀疏、嘈杂的天文数据中重建黑洞阴影图像的好想法。

射电天文学家们通过测量收集到的光的特征，利用算法对这些数据进行处理来制作图像，这些算法可以构建出发射这些光的天体的图片。为了实现这一目标，大多数射电天文学家们使用了一种几十年前的计算机算法，该算法名为CLEAN，是专门为单天线而设计的。如果说事件视界望远镜实际上是一个直径为地球大小的望远镜，那么用它收集到的光来制作图像将是简单明了的，结果也会是明确而直接的。但是实际上，事件视界望远镜只是这颗旋转的球体上的一小部分镜子，因此对于给定的事件视界望远镜的数据集可以有无限多的图像来解释。你甚至可以拿出一张独角兽嬉戏的照片来解释，如果它符合事件视界望远镜收集到的稀疏数据的话。那么他们如何才能够确定，从数据当中提取的图像所描绘的是宇宙中黑洞阴影的真实样貌呢？

凯蒂·布曼是比尔·弗里曼实验室里的一名研究生，她决定与事件视界望远镜合作。到2014年秋天，当BICEP-2团队的研究结果出现差错，乔纳森、劳拉和鲁里克陷入了困境，谢普在资金提案申请上也遇到了挫折的时候，凯蒂正每周都抽出几天的时间来研究从事件视界望远镜的数据中提取黑洞照片的新方法。她正在开发一种名为CHIRP的新算法，CHIRP的命名是来自"使用先验补丁方法进行连续高分辨率的图像重建"（Continuous High-Resolution Image Reconstruction）的缩写。CHIRP使用现有图像的一小部分，这些都是先验补丁，就像一块块拼图一样。输入事件视界望远镜收集到的CHIRP数据，告诉它数据是在什么条件下采集到的，哪个望远镜、什么配置、什么天气等等，这个新算法将对补丁的组合进行筛选，直到找到最贴合数据的最真实的图像。

因此，康科特大街的博士后办公室里并不冷清。凯蒂和一位名叫安德鲁·查尔（Andrew Chael）的应届毕业生坐在办公室靠南的一个角落里，他们对如何进行图像重建算法进行研究。迈克尔·约翰逊一直专攻于研究人马座A*周围的磁场。劳拉和鲁里克进行了测试运行并编写了硬件程序。办公室里充斥着紧张而又令人兴奋的气氛。他们还有很多工作要做，但是那是一些零散、目标明确、易于处理的工作，他们需要在9月底之前让这些设备能够正常工作并把它们全部邮寄出去。

另一方面，谢普频繁地忙于应付林林总总的外交需求。美国国家科学基金会访问海斯塔克天文台验收中型创新项目资助的进展情况时，他们迫不及待地想要阅读之前承诺给他们的合作协议。而谢普是否能有一份协议用于展示，则取决于11月份将在加拿大举行的会议是否能顺利签订这个协议。

第十八章

安大略省，滑铁卢
圆周理论物理研究所
2014年11月10日

谢普认为，也许他们应该在除滑铁卢之外的其他地方举办这次会议。负面的意味还能更浓烈些吗？为什么不在庞贝举办会议呢？

滑铁卢是多伦多以西距离距多伦多一小时车程的一个小城市，有一所很好的大学和一座名为圆周理论物理研究所（Perimeter Institute for Theoretical Physics）的后现代主义基础科学殿堂。黑莓（BlackBerry）品牌的共同创始人迈克·拉扎里迪斯（Mike Lazaridis）在1999年资助1亿美元成立了圆周研究所。这座建筑看起来像是一个沉睡的变形金刚，由杂乱无章的黑色矩形和彩色窗户组成。这个研究所的平面图，对于该所的数学家们怕是个大麻烦。事件视界望远镜之所以在这里而不是在庞贝举行第二次两年一度的会议，是因为对于全球合作而言，它位于中央。此外，艾弗里·布罗德里克现在就在这里工作。

参与事件视界望远镜合作项目的每个人，以及几十位独立科学家们，都在这里参加了为期一周的讨论和会议。这是自两年前在图森举办项目启动会议以来，整个合作组织的首次聚会。按照常规，最重要的工作没有被列入官方议程。在科学讲座、技术会议和会议晚餐之间，他们计划敲定这项期待已久的合作协议。

第一天上午，圆周研究所所长尼尔·图罗克（Neil Turok）在思想剧院致欢迎辞。他预测，在未来的20年内，"我们极有可能会看到理论物理学的重大转折，因为需要有新的符合自然界简单性的理论方法，而不是预测多重宇宙、混沌或者其他垃圾"。事件视界望远镜对于推动这一进程至关重要，他这样说。为了引起公众的兴奋度，他一直在公开的演讲和讲座当中屡屡提及事件视界望远镜。"黑洞仍然是宇宙中最矛盾和奇异的天体。"他说道，"我们非常希望能从中学到一些新的东西。"

接下来，轮到谢普起身讲话。演讲的大部分内容是他惯用的模板，但是他还引用了理论物理学领域的新发展，并且囊括了事件视界望远镜可以探索的关于黑洞信息悖论的内容。他在幻灯片上宣称，ALMA仍然准备在2015年年初加入他们的行列，尽管这种情况发生的可能性会随着时间的推移而降低。但正如谢普所说的那样，CARMA处于"压力之下"。他可能是唯一仍然认为有办法拯救CARMA的人，甚至在CARMA工作的人都已经认命了。

他并没有说，当他们在春天刚开始第一次计划这次会议时，他认为到现在事件视界望远镜与黑洞相机的项目合并的问题已经解决了。他没有提及自己关于这个项目的顾虑，这个项目在握手过程中一直表现出色，现在却被打入官僚主义的地狱。他没有说他们是在尝试组织一项科学项目，而不是在建立一个国家，所以为什么在这些合作会谈中，感觉他们像是在草拟一部宪法？相反，他在他希望本周会开展的事项清单中添加了一个要点："组织架构讨论"。

＊ ＊ ＊

第一天的议程似乎旨在提醒所有人，为什么他们要做这项工作。和EHT没有竞争关系的研究黑洞的科学家们相继讲述了他们的发现。

巴黎天体物理学研究所的玛塔·沃伦特里（Marta Volonteri）谈到超大质量黑洞与其宿主星系之间的神秘共生关系。它们似乎有着密切的关联。在20世纪90年代末期，天文学家们研究了大约80个星系，最终发现在所有这些星系当中，中心黑洞的质量与星系核球的质量相关。这是为什么呢？星系是否通过调节允许摄入的气体量来控制黑洞的质量呢？还是尽管黑洞的相对大小很小，但它通过自身外流物质的冲击，将星系的气体"扫走"，从而阻止了星系的增长和恒星的形成，进而控制了整个星系？在这间屋子里的人们都有责任去探究这些问题。

来自加利福尼亚大学洛杉矶分校的安德里亚·格兹解释说，自20世纪90年代初，她开始跟踪围绕人马座A*运行的恒星，在有了首次重大发现以后，她的生活发生了怎样的变化。大约在同一时间，摩尔定律使得谢普的工作变得可行，一项被称为自适应光学技术的发展使格兹的工作产生了革命性的变化。建在莫纳克亚天文台(MKO)的凯克望远镜，天文学家们解决了如何将激光照射到地球的高层大气中，制造出用来测量大气模糊效应的人造导星，然后通过变形望远镜的反射镜进行补偿。她说，他们现在所拍摄的图像质量比之前至少要好上十倍。他们花了20年的时间追踪在人马座A*周围环境中的数千颗恒星。她演示了动画，在动画中恒星像萤火虫一样在银河系中心匆忙地游走，在它们后面拖着发光的轨道。她和同事们正在收集证据，用来解释为什么人马座A*和所有明显的可能性相反，被年轻的恒星包围，这也是人们曾经一度怀疑银河系中心根本没有黑洞存在的原因之一。当然，他们一直在密切关注着G2，这个全球一直在徒劳地等待人马座A*将其粗暴地撕碎成明亮发光碎片的气体云。但G2气体云在最接近黑洞的地方完好地幸存下来，格兹认为这意味着它根本不可能是气体云。相反，她假设，G2是由于黑洞的存在而被驱使并合的一对恒星。

　　茶歇时间才真正有种聚会的感觉。各位与会的贵宾们举止言谈优雅。詹姆士·巴丁，是一位说话温和的人，现在已经70多岁了，他在会议间歇闲逛，吸引着渴望见到这位科学家的仰慕者，这位科学家40岁时的一次即兴计算是整个项目的基础。当时的气氛很热闹而融洽，而且由于谢普原定于当晚在滑铁卢大学举办公开演讲，即使有争议的合作报告也不太可能破坏气氛。

* * *

星期二的午餐时分，在一间小会议室，谢普和13位事件视界望远镜的负责人一起讨论了有关2015年春季观测的筹备工作。当下工作的重点在于这些站点仍需要什么设备以及如何将其运送过去。然而，每位负责人的首个问题都是关于ALMA的。ALMA究竟有没有加入？

ALMA几乎不会加入，但是谢普并不愿意承认。当他们围坐在一张长方形桌子的周围讨论时，他说他们面临的是先有鸡还是先有蛋的问题。他说，"如果我们确定在技术上已经做好了万全之策，那么我必定会全力以赴"。"如果我知道这项技术很完善，那么我将递交一份主任自由裁量时间提案，然后我可以非常、非常努力地推进这个提案。但是，如果我们不能回答'你在技术上准备好了吗？'这个问题，那么所有的努力都只是徒劳。"

"我们给他们说的唯一的理由就是CARMA将要被拆除了。"杰夫·克鲁说道。

"我亲自和皮埃尔谈过这件事。"谢普说道，"他们对这一理由并不看好。对他们而言，与CARMA相比，ALMA可是价值15亿美元的大型设备。'哦，你的手指上有伤口吗？噢，那真是太糟糕了。'"

他们开始着手判断他们是否在技术上已经准备充足。迈克·赫克特主持了会议。"想必每个需要用到微波激射器的站点，都有了一台微波激射器。"他说道，"还有哪里没有微波激射器吗？非常好，这是一个很好的开端。"

雷莫·提拉努斯发现自己处在迈克·赫克特类似的欧洲位置上——一名志愿的项目经理，他是这间屋子里的一位专业人士。他和赫克特一起顺着物品清单往下核对。雷莫说："基本上所有的站点都将配备两台马克6数据记录器，而CARMA还需要额外一台记录仪留作参照。这是基准计划。"

"这些仪器已经订购了吗？正在被运送到哪里去？"迈克·赫克特问道。

"他们现在应该在海斯塔克天文台。"雷莫回答道。

迈克注意到谢普和乔纳森正坐在桌子的角落旁低声交谈。"可以别在底下两个人开小会吗？谢谢配合。"

他们继续顺着清单往下核对。价值25万美元的充氦硬盘的状态如何？那数字后端呢？是否每个站点都能配备一台石英晶体谐振器（oscilloquartz crystal）以及充足的电缆和连接器？会议进行到了礼貌的小组商议环节，协商哪些设备是需要级别的，哪些是必需级别的，但还未来得及商量出明确的结果就到了时间。按照原计划，会议将在午餐结束后继续进行。

* * *

星期三，其他一些相关领域的讨论仍在继续。萨米尔·马图尔（Samir Mathur）解释了"模糊球（fuzzballs）"理论如何解决黑洞信息悖论：一种新的物质形式可能会在某个时刻离开黑洞视界面，并携带着隐藏在黑洞中的信息，比如从茧中出现的中子星。当天下午，激光干涉引力波观测台（LIGO）的发言人加布里埃拉·冈萨雷斯（Gabriela González）提供了有关寻找引力波的最新信息。LIGO是一对长达数英里的装置，使用激光来测量由遥远的黑洞并合和其他极端暴力事件引起的时空微小变化，这个装置将于次年的下半年启动。如果成功的话，他们就能直接探测到引力波，证明爱因斯坦的另一个预言，并打开一个新的宇宙观测窗口。

星期四，会议的重心移到物流上面。天文学家们相继介绍了未来几个月要展开的大规模装备部署工作。戈帕尔·纳拉亚南谈到他正在用废弃材料为LMT制作接收机的状况。丹·马龙讲述了下个月他将要前往南极洲，在SPT南极点望远镜上安装1毫米波的光接收机时需要面对的令人难以接受的组织工作。劳拉·维尔塔尔施奇解释了她是如何编写硬件程序的，这个程序可以为每个事件视界望远镜站点在明年春季的观测中使用的数字后端供电。

还有关于明年春季的观测，在关于将ALMA转变为相控阵天线的工作状态的演讲中，迈克·赫克特传达了一个别人并不会说的消息——ALMA不会参加明年春季事件视界望远镜的观测，对此谢普仍然不能完全接受。但这丝毫没有降低2015年观测的紧迫性。他们必须让所有站点协同工作，并向ALMA证明他们已准备好进行大型全阵列成像。虽然他们明年春天不会得到黑洞阴影图像。但他们会在2016年完成。谢普在几年前制定的时间计划会往后推迟一年，这还并不是世界上最糟糕的事情。

＊ ＊ ＊

周四晚上是思想剧院的电影之夜。艾弗里本来想要放映电影《星际穿越》，这部由马修·麦康纳（Matthew McConaughey）和杰西卡·查斯坦（Jessica Chastain）主演的太空科幻影片是根据著名的黑洞研究学者基普·索恩（Kip Thorne）的想法创作的，其中有对一个名为卡冈图雅（Gargantua）的超大质量黑洞的超现实主义模拟。不过，这部电影才刚刚上映，天文学家们并没有得到私人放映的允许。因此，他们放映了《视界》作为替代，这是一部1997年上映的电影，在电影中讲述了一艘由人造黑洞驱动的宇宙飞船意外地打开了通往"地狱"大门的故事。

电影的选择十分恰当地隐喻了楼上同时举行的会议。一次并不对外的内部会议，谢普、海诺和其他十几个人对他们的组织结构进行了几个小时的争辩。天文学家们当下面临的社会问题是，事件视界望远镜应该定义为一个什么形式的组织？它是天文台，一个任何天文学家都可以申请时间的大型望远镜？还是实验，一个由科学家团队组成的联盟，共同实现一个明确的目标，在这种情况下，它捕捉了黑洞的第一张图像？或是介于两者之间、一种融合的组织，去迎合官僚主义的怪癖？他们实际面临的问题是一个他们不能大声讲出来的问题，我如何能够确保诺贝尔奖上出现自己的名字？现在，尽管组织仍在组建中，但该是争取权力的时候了。因此，当山姆·尼尔（Sam Neill）和劳伦斯·菲什伯恩（Laurence Fishburne）（电影中的主角）在楼下与来自另一方的邪恶势力战斗时，天文学家们正在楼上的黑洞小酒馆，一家位于圆周研究所二楼的餐厅进行谈判。由于这家餐厅在晚间是不营业的，所以他们可以在整个餐厅里随意行走，边揉着太阳穴，边发出沉重的叹息、叫喊或咒骂。

当晚谈判结束后，谢普和杰夫·鲍尔走进亮灯的街对面达美宾馆的酒吧，仿佛刚刚才跑完半程马拉松一般，他们疲惫不堪。他们点了两杯苏格兰威士忌。他们已经达成了一个初步协议。谢普的iPhone里现在存有一张天文学家们在空荡荡的黑洞小酒馆里的合影。这是艾弗里通过电子邮件发给他的，邮件的主题是合作组织的"诞生"！

* * *

第二天，在送别午餐之前，他们公布了合作的相关细节。科林·隆斯代尔做了演讲。

他知道自己准备的演讲内容将会给绝大部分的听众带来失望和困惑，因此他以谨慎乐观的方式开始了他的演讲。这绝对是一场"非常棒的会议"。他说道，"精彩绝伦的演讲在不断地上演着。

但是一个小小的遗憾笼罩了一切。有15到18人没有机会来现场听到这些精彩的演讲。但是他们的'牺牲'没有白白浪费。事实上，我们已经在稳健又可行的合作方面迈出了一大步"。

在谈到细节之前，他想确保会议室中的每个人都知道这有多么艰难。他说道："这是一次覆盖广泛的合作，本质上是全球性的，有工程师、观测天文学家、理论团队以及许多具有不同制度文化的不同组织一起。它涉及非常复杂的观测工作和工程上的挑战，并且以非常积极的方式进行技术开发。与此同时，合作正在迅猛发展。这是事件视界望远镜正在追求的世界一流的科学。更加令人兴奋的是，这次合作正处于一次革命性观测的开端，随之带来的将会是非常非常重大的成果。这一切都非常美妙，但是它需要一定程度的组织来确保事项可以协调进行。"

他阅读了本周会外会议的结果摘要。原本有两个项目想拍摄黑洞，现在只有事件视界望远镜了，它将黑洞相机项目吸纳了进来。在这个新组织——事件视界望远镜合作组织——的最高层，是一个由"利益相关者"代表组成的委员会，这些利益相关者"已正式投入大量资源直接推进"这个项目。委员会将任命一名主任，直接向委员会报告。一个被称为科学委员会的实体"将制定科学目标的优先顺序列表"。此次合作将雇用一名项目经理和一名项目科学家。还有技术工作组、科学工作组等等。

他们离开滑铁卢大学后，谢普开始重新考虑，每位可能入选临时委员会的人选。虽然每个可能在临时委员会内的人，这些人当中的大多数都曾在2012年签署过第一份事件视界望远镜的意向书，他们都表态会选他为主任，但是这个体系中的主任除了是雇用来直接向委员会汇报之外，还能做些什么？此外，他并不想成为天文台的主任，而是想成为一个历史性项目的首席科学家。然而，他们在滑铁卢大学建立的体系结构将个人可以博得声望的工作剥离出去，将其交给了科学委员会进行团队管理。这种体系根本无法保证他能够继续掌权。甚至可能会发生政变。他可能未必会被选为主任。或者委员会可能会解雇他。他可以构想一种合理的情形，在这个场景中，欧洲人掌控了他投入了整个职业生涯的项目。

* * *

研究生时期并没有人教导该如何玩政治斗争，但现在谢普急需这种知识了。圣诞节的假期，谢普一家人在纽约度假。谢普走进了一家书店，买下了三本书：《勇于说"是"的力量》《敢于说"不"的勇气》和《如何进行艰难的对话》。他不知道店员对此会如何想。下午好，先生，我看到您正在尝试建造一个直径为地球大小的虚拟望远镜。

在滑铁卢会议结束两个月之后，临时委员会的成员邀请才陆续发出。当他们收到结果的时候发现，他们当中有很多人都被推到了"领导"的位置上。事件视界望远镜体制化的进程加快了，谢普无法克服这种令人厌恶的心理，他觉得整个事态正朝着超出他所能掌控的方向发展。

第十九章

伴随着仍在上演的政治阴谋，2015年春季观测的筹备工作加快了进程。2014年12月，雷莫·提拉努斯飞往海斯塔克天文台进行了为期三周的访问，在这段时间里，他和迈克·赫克特决定，当其他所有人都还在为非盈利组织的结构争论时，他们已经开始筹划使这次的春季观测成为现实。多年以来的计划一直是雇用一位项目经理，但这将是一笔很大的开销，而谢普从来不认为EHT项目可以负担得起。如今的权宜之计只有让迈克和雷莫这对"跨大西洋同盟"来继续兼任这项工作。

同月，丹·马龙飞往南极洲准备南极点望远镜。当他到达站点时，他此前运来的13箱设备中有两箱设备已经在等候他了。多年以来，他一直在筹备着此次升级计划，为望远镜增设氢微波激射器、一个新的接收机和所有其他VLBI技术必需的设备，从而使SPT能够加入事件视界望远镜项目。他此前只来过一次南极，在那趟旅程中，他仅在这间狭窄的小屋里待过几个小时，而今他不得不要在这间小屋里安装一个与小型摩托车大小相差无几的手工制造的超低温望远镜接收机。事实发现，他们必须要解决的状况与他们先前理解的有所出入。这意味着他们必须把用来反射入射光的反射镜放置在与预期略有不同的角度位置。这意味着他们必须以与预期稍微不同的角度位置来安装每个下游组件。他们用了几个小时的时间，对间隔1.8米的物体进行精准的距离测量，测量的误差在1毫米内，紧接着，他们对此进行了校准。而且，这间小屋还处于施工当中。用来加热建筑物并冷却望远镜低温恒温器的乙二醇循环压缩机正在改建中，因此，在第一个月，也就是丹为期两个月任务的一半时间中，他都需要一直忍受着乙炔炬的火花和周围刺鼻的烟雾。

等到13个板条箱全部抵达的时候，丹和他的团队的进程已经严重落后。他们必须尽快安装好所有的设备，并对其进行测试，然后在天气转变前离开南极。他们一周工作7天，即使是圣诞节和新年也没有放假，每天早上8点左右就早早开工，除了午饭和晚饭时间，一直工作到午夜。他们每个人都筋疲力尽，但是在这里除了工作还有什么其他可做的呢？丹惊讶地发现，在南极的生活令人感到放松，甚至适合深度思考。在这里，他只有一项工作，可以沐浴全天候的阳光，没有外界干扰。在图森，有他的妻子和两个孩子，其中一个还是尚在襁褓之中的女婴，分别的时间总是十分难熬。他几乎每天都用卫星电话与家人通话，用信号极差的互联网络互传一些照片。但是基本上，他不用处理电子邮件，也无须承受外界的社会压力。他连续工作了50天，也没有头痛。

在安装好接收机和微波激射器后，他们在望远镜的保温顶上钻开一个洞，将数百英尺长的电缆铺设进来。他们设计了一个系统，每年当需要将SPT切换为黑洞搜寻模式时，就会有工作人员将一枚小铝镜装进专用的背包，在完全的黑暗（极夜）和零下60℃的极端环境下，攀爬一个骇人的、足足4.6米高的梯子来到保温顶。而SPT一年当中余下的时间则固定用于测量宇宙微波背景。他（或她）将把镜子安在保温顶的装置上。这面镜子用于把望远镜的10米主镜收集到的光线传递到VLBI的接收机中。当需要把望远镜切换回正常工作模式时，有工作人员会再次爬上梯子，然后逆向进行整个操作。

　　2015年1月16日，丹爬上梯子，亲自安装这面特殊的镜子。望远镜的操作人员将天线指向月球，然后对准银河系中心的巨大分子云——人马座B2。这只是在进行一次测试，但是接收机运作近乎完美得无可挑剔。

　　接下来的第二天，他们将接收机的连接断开。丹仍然需要为接收机增添另一种更高频率的模式，如果ALMA不参与从现在算起3个月之后的大型事件视界望远镜的观测，也就是说，如果期待已久的大型成像观测在春天并没有如期进行的话，他认为就没有把接收机再留在南极的任何必要。那时，他可以将它带回家，在自己位于亚利桑那州的实验室里对它进行改造。但无论怎样，他明年都必须要重做一遍所有的工作，因为SPT计划在未来几个月内进行整修。因此，他们将接收机运回图森，并正式宣布SPT

像 ALMA 一样将不会参加今年的观测。

海斯塔克天文台

2015 年 2 月 3 日

当谢普、乔纳森和波士顿地区的其他工作人员为即将打响的春季"战役"运送设备时，该地区几乎每周都要遭受几场暴风雪的袭击。雪一层又一层地落下来，平铺在地面上，没有人打扫，堆积起来足足有半米厚。新英格兰爱国者队在周日的超级碗橄榄球赛上击败了西雅图海鹰队，由于天气原因，波士顿市推迟了新英格兰爱国者队当日的胜利游行活动。

谢普的孩子们已经有一个星期没有去学校了。孩子们的岁数足够大了，艾丽莎把她的职业生涯从维持现状的模式中拉了出来：她开始对过去常说"不"的事情说"是"，她开始前进，准备申请一个拖延已久的副教授升职。不过，这一周，她一直待在家里照顾孩子，看着孩子们把雪堆起来，兴奋得发狂。谢普生生持续地铲出一条车道来，冒着危险开往海斯塔克天文台。

海斯塔克天文台周围的乡村看上去就像是枫糖浆广告。天文台停车场上堆积着有推土机般大小的雪堆。大家都迟到了，但是没有人选择休一个雪假。戈帕尔从阿默斯特开车赶来。乔纳森和他的两个小孩在这里。文森特·菲什、杰夫·克鲁、迈克·赫克特、杰森·索霍和一位名叫安德鲁的新招聘的博士后都在这里。

黑洞之影

在工程室的荧光灯下，工作人员仔细检查了数字后端和马克6数据记录器的配置，它们将要被运到墨西哥去，安装在大型毫米波望远镜上。这个工程室是一个充满杂物运输箱、纸板箱、工作台、机架和滚动推车的半有序的杂乱空间，滚动推车里面装有泰克振荡器、安捷伦网络分析仪以及各种规格和颜色的电缆线轴。在房间的另一端，被检测的设备被放置在低矮的桌子上，连上线路，并接通了电源。光纤电缆挂在设备后面的墙上。

他们正在测试的数字后端几乎是由劳拉·维尔塔尔施奇一手制作，但由于她今天人在剑桥，而谢普有些问题想要咨询，于是有人给她发了封电子邮件，让她打电话过来。杰森对谢普提出了警告，在西雅图长大的劳拉对超级碗的比赛结果很不高兴。"就别提比赛的事了。"杰森嘱咐道。

电话铃声响起。文森特接通了电话，然后将它递给了谢普。

"你好呀，劳拉。"谢普问候道，"你在为你心爱的海鹰队感到痛惜吗？"

乔纳森和杰森纷纷后退，露出一脸调皮的笑容。

"我敢打赌一定是的。"谢普说，"通过适当的药物治疗和心理咨询，一切都会好起来的。听着，我们现在在检测后端。安德鲁正在运行一个脚本，我们认为应该借助脚本完成所有的校准工作……"

谢普挂断了电话，看向杰森和文森特。问题在于，他们这次使用记录仪的模式与以往不同，这是一种没有经过测试的新模式，谢普担心在把设备运往墨西哥之前，能否让设备在这个新模式下顺利工作。

"我们可以解决。"杰森说道。

"我知道我们能搞定。"谢普说，"但是我只是不喜欢在发货的前一天还没有做好准备。我也非常不喜欢计划在我们以前从来没有做过的领域上做些什么。"

"有两点。"文森特对谢普说，"由于这并不是以往的模式。因此需要进行一些开发和测试。但是，无论我们在实地使用一台还是两台马克6数据记录器，如果我们有一个站点，站点的第二台马克6数据记录器不能切换到需要的模式，那么我们需要让这种操作模式随时可用。它要么是我们主要的工作模式，要么就是备用的工作模式。"

"只要我们对它进行测试，我对任何一种都无所谓。"谢普说道。

"六分钟后，我们还得和杰夫开个小会。"文森特回复道。

"你在跟我开玩笑。"

* * *

在大楼的另一侧，在海斯塔克的主会议室里，谢普、文森特和杰夫·克鲁遇到了海斯塔克的天文学家迈克·赫克特和林恩·马修斯，马修斯将大部分的时间投入于ALMA的升级项目。

黑洞之影

上个月，杰夫和林恩前往智利，他们完成了一系列调试测试当中的第一项。如果测试取得成功，ALMA将正式采用这项升级项目，这意味着他们将能很快使用它。但是，调相系统存在一个令人困扰的漏洞，这个漏洞源自系统内的一个错误，这个系统是用来纠正信号从ALMA的66根天线传输到超级计算机的过程中所造成的微小延迟。他们有一个解决方法，但是效果并不理想。这次会议的目的是决定究竟是坚持之前的解决方法，还是去寻找问题的根源。但是第二种方案可能会推迟调相项目的完成进度，这将意味着使用ALMA进行的第一次事件视界望远镜观测的时间可能会比任何人预计的都要久。

他们坐在一张由七张小矩形桌子拼接成的预算执行委员会会议桌周围。谢普、迈克和文森特坐在杰夫和林恩对面，就像在做笔录一般。谢普、迈克和杰夫身体向后仰，靠在椅子背上，双手交叉放在头顶上。

"所以，我们已经找到了残余延迟的问题所在。"谢普说道，"我们需要一个完全了解所有解决方案的人。把所有相关材料准备好，放在桌上，方便讨论。要是再出现类似的问题，那就太糟糕了。"

"问题的一部分是，完全了解整个系统的人并没有多少。"杰夫说道，"我不确定是否有专家能够帮助我们解决这个问题。"

当时的感觉是，这种微妙的、出乎意料的技术错误事实上并不是任何人的错。在漫长而繁琐的ALMA相位系统设计检验的过程中，一些人中途意识到他们不得不需要面对残余延迟系统，但没有人意识到这将成为一个问题。当他们第一次测试调相系统时，并没有出现什么问题。但接下来，当他们切换到事件视界望远镜需要使用的更高频率时，微小的误差开始产生。与此同时，大多数建造这个系统的工程师都已经离开，去做别的工作了。

"我觉得我们应该把它记录下来。"谢普说道，"备忘录的第一项是，确切的问题是什么？接下来是：我们必须转动哪些旋钮？这是备忘录的下一条！"

"我一方面想说，一个用于分发的、好好撰写的备忘录，可不是一件能很快完成的事情。"杰夫说道，"另一方面，如果我们可能会把事情搞砸，那么一个好好撰写的备忘录将是不可或缺的。"

"如果我们不能很好地理解这个问题，我们就无法解决它。"谢普说道。

迈克看向杰夫说道，"那么现在是召唤'骑兵'，还是留给你们来解决？"

"坦白来说，我认为由我们自己解决是在8月前完成项目的唯一途径，然后给我们留下了几个月时间（从8月到明年3月）来进行活动，以搞清楚2016年3月将会发生什么。"

自滑铁卢会议上，迈克·赫克特让每个人都面对ALMA不会参加下一次观测这一现实以来，他们逐渐接受了一年延期的事实。但是现在，推迟一年开始听起来是最好的情况。在调相系统上进行修改可能会无限期地推迟第一次大型全阵列事件视界望远镜观测计划。

"让我直接和迈克说。"谢普说道,"真正的问题是,今年是我们被资助的最后一年。如果我们要求项目延期,那么我们必须对现在面临的问题进行清晰地解释。这关乎我们的声誉。因为有声誉,我们才能够继续得到资助。"

大家都安静了片刻。早在2011年,美国国家科学基金会就给了他们一笔升级ALMA的拨款,这与事件视界望远镜用于其他所有活动的资助不相关。那笔拨款快要用完了。如果他们不能在8月前完成的话,他们将不得不正式申请更多的钱和时间。

"依照现在的时间表来看,我们没办法完成。"谢普感到不安,停顿了一下后继续说道,"为了我的钱,这是一种很错误的说法。"

"为了美国国家科学基金会的钱。"文森特说道。

"为了美国国家科学基金会的钱。"谢普说道。

他们花了几分钟来讨论他们的选择,但是没有一个是具有吸引力的。他们原计划在接下来的几周内对ALMA进行测试。但是如果他们停下来撰写一份清晰的诊断备忘录,他们将会错过那些测试。而下一次再进行测试的机会将会是在几个月之后,因此额外再花上几个星期的时间来解决此问题将使项目至少再往后延迟一年。

"3月份是测试的开放季节。"杰夫说道,"现在花些时间来解决问题就意味着3月份无法再进行测试,这将意味着我们不会在2015年完成委托。如果我们有意识地做出这种选择,那就没问题了。"

没有人愿意做出抉择。他们又聊了几分钟，首先是继续讨论同样的问题，最后是讨论关于ALMA是否知道他们的望远镜在地球表面的准确位置，还是仅仅知道它们彼此之间的相对位置。

"我能回到我们接下来要做什么吗？"迈克这样问。

"现在我带头强烈反对。"杰夫说道。

谢普摘下了眼镜，按了按太阳穴，把单张数据图从测试中拿了出来，举到眼睛的水平高度。他想要解决这个问题的渴望和迫切似乎要在纸上烧出一个窟窿来。过了一会儿，他把数据图放在桌子上。"前期已经做了很多艰难的工作。"他这样说，"我们需要尊重这一点。此外，迈克和我必须考虑美国国家科学基金会和外部资金的问题。我把你们从那之中解放出来。"

杰夫问他们是否做出决定，他们不会在8月前完成调相项目。

"我们还没有做最后决定。"谢普回答说。

迈克询问他们必须提前多长时间告诉ALMA他们是否计划在3月份进行这些测试。需要大约提前一个月，杰夫和林恩几乎同时回答。

"所以我们只有大概一个星期的时间？"迈克问道。

杰夫问，如果他们下个月不与ALMA进行测试，他们是否还能够获得望远镜时间让整个事件视界望远镜阵列能够在2016年运行？还是他们期待推迟更长的时间？

谢普揉了揉头，闭上了眼睛。"你知道，由于这些沉重的压力，我觉得我会被压缩成为一颗钻石。"

"皮埃尔·考克斯在博洛尼亚会议上已经对此十分清楚。"文森特说道。上个月，谢普和文森特飞往博洛尼亚参加欧洲VLBI技术组织的一次会议，皮埃尔站在人群面前，说申请ALMA的规则不会变通。"我们必须在12月之前把所有的事情都处理好，3月之前提出申请，在2016年末进入Cycle 4，这将意味着我们要在2017年3月才能进行首次观测。"

"噢，我的老天。"谢普感叹道。

第二十章

墨西哥，普埃布拉，内格拉火山
大型毫米波望远镜
2015 年 3 月 19 日

在 2015 年观测活动的第一个日落前的一小时，劳拉·维尔塔尔施奇站在圆柱形的金属隧道内，这个隧道通向大型毫米波望远镜 50 米天线中央一个与卡车大小相差无几的洞口。她与事件视界望远镜项目新招聘的博士后林迪·布莱克本和 LMT 的工作人员大卫·桑切斯一起。就在几分钟前，在望远镜不在观测的期间，工作人员已经将覆盖洞口的蓝色防水布移除，如果你询问不同的人可能会给你不同的答案，这个洞口可能被叫作天顶孔或顶点孔。他们三个都穿着御寒的衣服，像帽衫、针织绒线帽之类。劳拉凝视着望远镜的边缘，可怕的雪坡状抛光镍板延伸至山顶非常危险的火山碎石上。太阳落山，天空烧成一片橙黄。高耸的云朵飘过。一团薄雾笼罩着山峦。

"让我们看一眼山下。"劳拉说，"谁来操控一下？"

大卫匆忙跑下楼，来到控制室，操控望远镜让所有人兜风。不久，望远镜开始缓缓向左旋转，15000英尺下被落日余晖照射的墨西哥乡村景色出现在眼前。"哇！"劳拉惊叹道，"我们在转动！我们在望远镜里，我们在转动。哇，这实在是太壮观了。"

在山脚下，朝着韦拉克鲁斯城市的方向，风暴正在形成。日落的天空呈现出深橙色。

劳拉深吸了一口气说道："我们坐在空中。"

望远镜缓缓停了下来。"兜风结束了。"林迪说道。

* * *

光线通过LMT的过程就像弹球游戏一般。巨大的抛物面天线（通常称为主反射镜）将来自宇宙的光线（天空的信号）聚焦到安装在吊杆上的76厘米的镜子（M2）上，这个吊杆像自拍杆一样从主天线延伸出来。光线从M2进入顶点孔，穿过劳拉、林迪和大卫通行的隧道。在隧道的后端，一块称为三级反射镜（M3）的机加工铝片将来自天空的信号传递到第四面反射镜（M4）上。这面镜子是事件视界望远镜的科学家们和他们的本地合作者们一同为今年的观测做准备而安装的升级项目之一。

M4通过一个有机玻璃面板上人工切割的孔将来自天空的信号一直向下传送到M5，一个教科书大小的铝制方形反射镜。从这里往后，光线进入临时接收机还需要经过一个弹跳和几英寸的路程，这个接收机是之前戈帕尔·纳拉亚南为了观测而临时组装的。

当林迪和劳拉从顶点孔隧道爬出来，从镜子支架向下跳到接收室的瓷砖地板上时，戈帕尔和他的学生亚历克斯·波普斯特凡尼亚（Aleks Popstefanija）正在校准系统。戈帕尔50多岁，是一个瘦削而机敏的男人，他有着一头乌黑的头发，留着山羊胡子，戴着一副矩形镜框眼镜。他穿着一身登山装——蓝色法兰绒衬衫，外罩一件墨绿色羊毛衫，穿着牛仔裤和一双登山鞋。他将装有液氮的聚苯乙烯泡沫塑料冷却器放在M5前面的一堆箱子上，马萨诸塞州州立大学阿默斯特分校的应届毕业生亚历克斯在笔记本上记下了数字。

临时接收机是一组用螺栓固定在白色矩形桌面上的小装置。从M5离开之后，光穿过一个分光器和一层薄薄的白色泡沫保护层，进入有机玻璃盒，其中一部分光则射入镀金的喇叭天线的小嘴里。从这个号角的微细末端发出了值得记录的宇宙光信号。这最后一束光进入一个混频器当中，这是一块金属块，机械师们通过显微镜放大，在上面雕刻了一系列隧道和狭缝。在这里，天空

黑洞之影

信号与从下面几层楼的氢微波激射器传来的纯净频率混合在一起。天空信号和微波激射器信号之间的差异称为中频，对于电子设备来说，中频比原始的高频天空信号更容易处理。

中频信号在撞击超导体-绝缘体-超导体材料的混频器之前先经过另一个显微镜通道，将其转换为编码了有关光的相位和幅度信息的电信号。接收室里充斥的有节奏的啁啾声是压缩机泵送液氦将混频器冷却至绝对零度以上4度的声音。在这个温度下，混频器非常灵敏，因此使用者必须要考虑到量子噪声带来的影响。

黑洞之所以发光，是因为黑洞周围的原子发射光子。这些光子在入射一个美国职业棒球大联盟内场场地大小的镀镍的天线之前已经传播了26000年。他们在迷宫一般的铝制镜子之间做着"乒乓球"运动，最终在望远镜接收机内被转换为电信号。来自接收机的抖动原子产生的热噪声轰鸣比来自天空的信号强10万倍。在这一系列不太可能发生的事件和转换中，有很多出错的机会。这就是为什么每次观测之前的测试和校准是一个漫长而神圣的仪式。目前，戈帕尔和亚历克斯正在测量由液氦冷却器发出的红外光的"温度"，以便确定接收机的基线噪声。他们将从接收机记录的所有测量值中减去基线值。在他们看来，一切看起来都还好。

* * *

对来自黑洞的光进行编码处理后，接收机输出电信号，通过两层楼高的同轴电缆向下一直传到后端室。后端室将信号数字化并记录下来。3周前，谢普和林迪安装了执行这项任务的电子设备架。

后端室里很安静。里面杂乱地堆放着服务器机架、派力肯产品公司（Pelican）工具箱、办公桌和其他电子设备。办公桌上凌乱地摆放着电缆连接器和衰减器。墨西哥籍科学家乔纳森·莱昂-塔瓦雷斯，他去年春天和谢普一起在这里安装了微波激射器，现在在翻阅技术指南。劳拉和林迪刚刚从接收室下来，她们四处寻找着可以用来控制马克6数据记录器的以太网电缆，事件视界望远镜几乎每个站点都会在今年使用马克6数据记录器。谢普坐在办公桌前，戴着他从孩子们那里借来的针织毛线帽，一心专注在他的笔记本电脑上。

最近掌管天气的神灵使天气变得谲诈多端。观测前的一周，一场暴风雪突然席卷了内格拉火山，使望远镜深陷于冰雪当中。在此之前的一周，发生了大解冻，皮科德奥里扎巴火山上的冰层融化，露出了两名在1959年雪崩当中丧命的登山者的遗骸。

戈帕尔走进房间，他和谢普讨论了在他即将离开天文台，与妻子回到马萨诸塞州进行一些医学检查之前的近36小时需要做些什么。"我今晚整夜都会在这里，明晚整晚也都在这里。"戈帕尔这样说道。

＊＊＊

隔壁的控制室里，大卫·桑切斯正试图使望远镜聚焦。晚上8点过了不久，在大约一个小时内，M87和几个明亮的类星体就会出现，这为确保LMT和事件视界望远镜阵列中的其余望远镜都能看到相同的天体创造了第一个机会。但是天气原因可能会阻碍这种时机的发生。

在墨西哥城，情况好坏参半。测量的τ值约为0.5，这很糟糕，但是在这座山上，夜幕降临时天空会很可靠地晴朗，（这已经形成为一种规律）晴朗得足以让当地的观测者们称它为"淘气四"——下午4点和"美妙四"——凌晨4点。其他站点正在传递相互矛盾的信号。在林迪和劳拉为记录当地天气情况而建立的谷歌文档中，SMA亚毫米波射电望远镜阵的工作人员记录天气为"良好"，而在隔壁的麦克斯韦望远镜（JCMT）的工作人员则表示天气为"糟糕"。

在他们做任何事情之前，大卫必须首先将望远镜聚焦，为了成功聚焦，他需要对一颗行星进行观测。木星太大又过于明亮，无法用于微调像这样的望远镜，但是土星要到凌晨2点才会升起，而金星此时已经落下了，所以不得不用木星工作了。

晚上8点半前后，谢普走进控制室，朝着大卫走了过去。后者正坐在一大堆计算机显示屏旁。其中一台显示屏报告了最新的天气数据。

"蓝色等级，是糟糕的等级。"大卫解释说。这代表了云、雨和其他形式的水蒸气，这可能会干扰观测。

"你的意思是说，在可预见的未来，天气会变得很糟吗？"谢普询问道。

"可以这么说。"

"那你能把天线聚焦吗？"

"如果天气好的话，可以。"大卫设法观测到木星，这并不太困难，只是图像会模糊。他们必须大大提高聚焦能力，才能够探测到类星体，即使这样，也只是走向边缘测试的一步，而边缘测试本身只是观测人马座A*和M87黑洞这一主要事件的热身。

"我希望至少能观测到类星体3C 273。"谢普对大卫说道，"如果我们观测不到3C 273……"①

谢普又走向戈帕尔。"大卫向我报告了下周的天气情况。"谢普告诉他说，"情况看起来很不妙。"

"好吧。"戈帕尔说，"但这就是发到你手中的牌。"②

"肯尼·罗杰斯（Kenny Rogers），谢谢你。"谢普回应道，"但是我想要听到的是可行的方案，而不是格言。"

* * *

---

① 3C 273 是位于室女座的一个类星体。

② These are the cards you're dealt（但这就是发到你手中的牌），是一句格言。

　　　　　　　　　　　　　　　　　　　黑洞之影

他们在天文台一层的餐厅里用了晚餐，然后他们艰难地爬了两层楼梯，乘坐工业电梯，来到控制室。在山中，他们的脚仿佛灌铅了一般沉重。天气非常糟糕，并且越来越糟，但是谷歌文档和事件视界望远镜维基网站上说其他站点正在观测。而LMT还没有开始观测，因为他们还没有办法使望远镜聚焦。

τ值还在继续上升。当达到0.6时，谢普和戈帕尔认为他们今晚无法参加边缘测试了。谢普通过Skype软件向CARMA的杰森·索霍通知了这一消息。就在这时，大卫走了进来。"外面稍稍有些下冰雹，所以我把望远镜关了。"望远镜操作员的工作很大一部分是要知道何时将望远镜关闭。冰雹可能会砸坏反射镜的表面，但这里还存在着其他危险。LMT制定了在皮科德奥里扎巴火山爆发时应遵循的规程，采取规避措施，避免火山灰和水的混合给天线浇灌上水泥。

大卫关好望远镜后，τ值就变得非常高。与此同时，每个人都走到漆黑的停车场，登上政府签发的卡车，沿着黑暗的弯道，开始了通向大本营的漫长返程之旅。

2015年3月20日

他们在日落之前回到了山顶。根据事件视界望远镜维基网站上的记录，当晚的观测前景非常严峻。只有SMA能够观测。在其他地方，可能是因为存在技术问题，或是因为恶劣的天气，再或是两者兼而有之。LMT的官方记录天气情况为"中等"，"应该偶尔"有机会观测，由于仍处在"望远镜聚焦"这个阶段。当晚的希望是进行一个3毫米波段的测试"，然后和另一台望远镜一起进行边缘测试，在戈帕尔天亮出发前往汽车站之前，他们必须要完成这项工作。

从29号开始，整个观测窗口的天气预报都非常糟糕。他们最大的希望是预报有误，或者天气形成了类似莫纳克亚火山的逆温层，即只有在山顶上是晴朗的，但在下面是阴天，或者是大雨、大雪为晴朗的天空让路。目前，雾气弥漫，温度刚刚高于冰点，这两种情况加在一起共同造成了危险的局面。如果温度降到零下，雾可能会冻结在天线上。冰不会对天线造成损害，但是在冰融化之前，都将无法再进行观测，需要等到太阳升起几个小时之后冰才会逐渐消融。

他们一整晚都在等待天气转晴。午夜刚过，大卫、戈帕尔和其他几个人爬入顶点孔，检查天线是否结冰。当他们用一盏大功率的车间灯将洞口照亮时，他们看到在几英寸远的地方雾像一条河一样在天线上流过。"我们基本上是在雾堤中。"戈帕尔说道。在浓雾中是无法进行真正的科学级工作的，一般情况下，他们甚至无法继续进行故障排查。但是戈帕尔又不得不离开，所以现在情况非常糟糕。"我们可以尝试一下。"他说，"我们只需要观测温度。"

$$* * *$$

凌晨 1 点过后，他们用控制室的扬声器公放音乐，戈帕尔排队播放了恩雅（Enya）的歌。谢普盯着他看了看，抬了抬眉头。[①]

"是恩雅的歌，怎么啦？"戈帕尔问。

谢普笑了笑，摇了摇头，转而和乔纳森与吉塞拉谈论技术问题。

远航，远航，远航。

"嘿，如果你想远航，你可以播放点别的歌。"戈帕尔说。

"不，就放'远航'这首歌。"谢普说，"它很赞。"

播放这首歌的时候，命运发生了转变。戈帕尔宣布他们刚刚成功在 1 毫米的观测波段上，对木星实现了聚焦。大气正在逐步稳定下来。

"现在的我非常兴奋。"谢普说道。

谢普坐在一张桌子旁，用笔记本电脑与加利福尼亚州和夏威夷的人联络，并告诉房间里的人，其余的阵列已经准备就绪。

现在，望远镜已经瞄准并聚焦完成，每个人都感到精神振奋，如释重负。深夜，缺氧使人头晕目眩。戈帕尔的一位名叫迈克的学生说："我不知道我是否期望恩雅的歌起作用，因为我不希望恩雅的歌成为我们的幸运音乐。我不认为我能忍受这样的日子。"

---

① 恩雅·帕翠西亚·伯伦南（Enya Patricia Brennan），是爱尔兰著名的独立音乐家。

随着夜间观测计划的开始，天文学家们安静地在笔记本电脑上办公。林迪给苹果电脑MacBook Air插上一条巨粗的蓝色电源，电源线像一根鱼叉绳一样缠绕在她的脚边。劳拉坐在一个鼓鼓囊囊的黑色沙发上，键入命令，让马克6数据记录器和数字后端为观测做好准备。

"我能问一下吗？"谢普对戈帕尔说，"我们多久才能进行边缘测试？我不希望完美的调焦成为成功观测的敌人"。

"但他们还没有开始收集数据。"戈帕尔回答。他指的是在加利福尼亚和夏威夷的站点。

"但是我可以发送电子邮件，让他们现在就开始。"谢普说道，"让我们在τ值飙升之前就开始行动。"

"包括我们在内的7个站点中有4个已经准备就绪。"劳拉回答道。

几分钟后，谢普阅读了其他站点的最新报告。"大家都已经准备就绪。"

当戈帕尔说"望远镜聚焦精度在下降"的时候，谢普正准备下令让所有的站点一起观测。

"好吧，τ值是什么样的？"谢普问道。

"它正在增长。"大卫说。

"我们仍然没有真正对焦。"戈帕尔说。

"49分钟后开始观测。"劳拉说。

接下来的几分钟里，戈帕尔和大卫弯腰操控面板，试图使望

黑洞之影

远镜聚焦。过了一会儿，戈帕尔在桌子上敲出了一个凯旋的即兴旋律。"聚焦的情况看起来不错！"

＊＊＊

48分钟后，观测即将开始，这个计划涉及让加利福尼亚—亚利桑那州—墨西哥这三个地方的望远镜，在两个类星体之间来回切换观测，检验天线是否可以一起协同工作。

"我们很快就要旋转天线了吗？"谢普问。

"是的，τ值减去4。"林迪说。

"游戏时间到了，这太棒了！"劳拉说。

"我们准备好旋转天线了吗？"谢普再次问。

"天线会旋转。"林迪说。

"调度程序正在运行。"大卫说。

"好的，30秒。"林迪说。

"我们正在观测3C 279。"大卫说，"四、三、二、一，完成。"

"开始观测了。"劳拉说。

"我想看到指示灯。"谢普说。

"天线充满了光，文件大小正在增加，而指示灯，"——马克6数据记录器上的，"正在闪烁。"林迪说。

＊＊＊

在戈帕尔发布坏消息之前，两个小时内没有观测到任何事件。"我开始担心这件东西的光学系统。"他说，"我认为我们可能没有聚好焦。"

在这种情况下，通常的做法是中断协调事件视界望远镜观测计划半小时左右，将望远镜重新对准一个行星。但是戈帕尔不得不在一个小时后离开。而且他并不完全相信问题出在聚焦上。"我担心两件事。"他说道，"一个是望远镜本身并不能很好地聚焦。"这表明LMT本身存在问题。"另一个是杜瓦瓶中的光学系统可能出了点问题。"那可能是戈帕尔临时搭建的廉价的通用型接收机内部的低温密封装置出现了故障。

戈帕尔解释说，低温恒温器（即一种外部容器，也被称为杜瓦瓶）的内部是总电源箱。总功率盒可以告诉望远镜它是否正在从操作人员试图寻找的天体源中收集足够数量的光子。如果总电源箱受到噪声信号的干扰，则很难判断望远镜是否正在观测正确的天体，尤其是在观测像类星体一样暗淡而遥远的天体之时。

"我们该如何确定问题出在哪里？"谢普问。

"这就是我们应该做的方式。"戈帕尔说。意思是，我们应该启动望远镜去看一些东西，"到目前为止，我们还没有做"。戈帕尔说这是取消观测计划的最好理由，这样他们就可以对光学系统进行故障排查。

"听起来我们应该把目标聚焦在光学系统上。"谢普说。

"这就是我一直想说的。"戈帕尔回答。

那就这样决定了。"让我们转而去观测土星吧。"谢普对大卫说道。

当戈帕尔收拾好东西准备离开时，谢普在两次脉搏血氧饱和度测试（pulse-ox tests）之间在房间里来回踱着步，测试着他小心翼翼地呼吸对提高血氧含量的能力。"真遗憾，你不得不离开了。"谢普对戈帕尔说。"这是你的望远镜。皮特·施洛布（Pete Schloerb）呢？他对这些东西熟悉吗？"

"他在这方面表现得很出色。"

"我们可以让他到这里来吗？"谢普询问道，"我们需要他上山来，比如，现在。"

当戈帕尔穿上外套，背上背包，准备离开时，望远镜聚焦能力偏离了两倍。"我将在达美（Delta）航班使用 Wi-Fi 网路，下载数据并通过电子邮件发给你。"明晚，他会在午夜时候远程加入他们。

虽然谢普是事件视界望远镜的负责人，但这是戈帕尔的望远镜，从某种意义上说，是戈帕尔负责。他比任何人都更了解这个仪器。而现在由谢普负责。通过他在一般望远镜上积累的经验以及对该望远镜的一些了解，他继续进行工作。"让我们为今晚剩下的时间制订一个计划吧。"他对房间里的人说，"我们还有 40 分钟。"

"这是一个美好的夜晚。"戈帕尔在临别时说道。他的意思是从天气方面来看。"这不是一个美好的夜晚，但却是一个体面的夜晚。我的建议是我们应该尽可能地优化聚焦能力。"

"今晚的最后一次扫描，让我们努力将天线成功对准天体源。"谢普说。

"现在是凌晨4点50,所以我们还有半个小时。"劳拉说。

戈帕尔离开了。谢普在控制室里踱来踱去,闷闷不乐地喃喃自语。"我真不希望戈帕尔离开。"他说的声音很大,但主要是在对自己说。"他懂望远镜。他还懂接收机。"

当晚的最后一次观测是对3C 273进行简单的观测,这是第一个被确认的类星体,正是这种针刺状的光芒,激发了唐纳德·林登-贝尔提出在星系中心存在巨大黑洞的假设。τ值为0.3,是整晚最低的。劳拉向其他站点发送了电子邮件,让他们把最后一次扫描的10秒钟样本发送回海斯塔克天文台,以确定相关性。LMT和它在加利福尼亚与亚利桑那的合作伙伴以远程一致的方式共同观测了当晚的最后一个目标。

"所以,这是我目前能做到的最好的聚焦。"大卫指着控制面板上的监视器对谢普说。

"你觉得我们指向目标了吗?"谢普问。

大卫叹了口气。"在20角秒内。"这对于观看摇滚歌手的演出来说足够近了,但对于观测黑洞来说远远不够。他停顿了一下,然后补充道,"我担心的是,我不认为望远镜真的有什么问题。"如果问题出在望远镜上——LMT和它的电子设备、硬件或其他什么东西,那就不妙了,但是他们是有可能修复好的。他们可以寻求普埃布拉或墨西哥城的帮助,查明问题并解决它。但是,如果接收机有问题,那这就是一个大问题了。制造接收机的那个人可能现在正在塞尔丹城登上驶向墨西哥的一辆公共汽车上。

"所以你认为接收机有问题吗？"谢普问。

"嗯嗯。"

2015 年 3 月 21 日

他们从未期望过在这一年能够顺利地捕捉到人马座 A* 的图像，因为 ALMA 和 SPT 均未加入观测。但是，将 LMT 加入已验证的视界望远镜站点的固定阵列中是很重要的。一旦这一切完成，谢普就可以去游说 ALMA，如果他们可以在 2016 年春天得到望远镜的使用时间，他们整个项目就准备好了。但是现在，在观测运行的第三天，他们还没有让 LMT 正常工作。由于某些他们也没有搞清楚的原因，他们无法让望远镜聚焦。探究失败的根源是当晚的工作重点。

傍晚时分，在大本营里断断续续地睡了几个小时之后，工作人员们振作起来准备再次展开尝试。每天这个时间的塞尔丹城最为迷人。傍晚柔和的灯光柔化了村庄粗糙的轮廓，镇上的村民们纷纷涌入索卡洛广场吃、喝、唱歌、调情。在村庄的上空，皮科德奥里扎巴火山和内格拉火山通常都隐约可见，但是今天晚上，它们躲藏在了云层的后面。

谢普和大卫计划进行一个测试，为了这个测试他们还需要采购一些物资。他们在沃尔玛超市买了薯片、面包、泡沫聚苯乙烯杯(用于盛放液氮)和咖啡杯(用于装咖啡)。他们开着车从一家五金商店找到另一家五金商店，寻找合适的金属丝——12号铁丝网，不是缆绳，用于在望远镜的反射镜和接收机之间悬挂液氮杯。到了晚上7点钟，他们才开车上山，此时太阳已经落山了。

到达山顶以后，他们直奔接收室。谢普把两根金属丝拧在一起，拧成一根长长的、结实的金属棍，然后把一小块长方形的黑色泡沫插在金属棍的末端。然后，他将装在一个大热水瓶中的液氮倒入泡沫聚苯乙烯杯中，把金属棍上的泡沫浸入沸腾的冷液体中，像检查火锅一样，把浸泡在液氮中晃来晃去的泡沫金属棒抬起至视线高度。"这就是制作低温棒的方式。"他这样说。

他爬上镜架，用戴着手套的左手拿起盛有液氮的泡沫聚苯乙烯杯，用裸露的右手握起金属棍-泡沫-低温棒。他将低温棒浸入液氮中，然后把它举到他们刚刚固定好的M4镜子前。

在一楼，一个连接接收机的数字读数器亮了起来。当谢普用低温棒探测镜子表面时，劳拉和林迪在一旁大声地读出测量结果。

"十一、十二、十四、十二、十五、十四。"林迪说道。

"变暖了！"劳拉有些兴奋。

他们正在寻找M4中的最佳位置，也就是镜子上一个可以将液氮低温棒发射的最大的红外光反射到接收机中的位置。劳拉和林迪大声读出的数字是温度的测量值。他们想在镜子上找到温度最低的地方。

"让我们把这个系统化一点。"谢普说道，"我们将穿过镜子的长轴这里。把这些位置记录下来。"

"第一个位置。"谢普问。

"十。"林迪回答。

"好，下一个位置。"谢普问。

"十三、十四。"林迪回答。

"你从最小值处开始。"劳拉说。

"现在我要换另外一条路了。"谢普说，"第一个位置。"

几分钟后，谢普将他的低温棒移到镜子中央之外的其他点上，温度读数开始骤然下降。

"噢，钱，钱，钱！"劳拉大喊。

谢普睁大眼睛，惊的下巴快要掉下来了。"你是认真的吗？"他说，"好吧，该死。这很有意思。怎么会相差得这么远。"出于没有人能理解的原因，这面镜子上的温度太不统一了。但这至少可以解释出现聚焦问题的一部分原因。

当谢普和博士后在进行低温棒检测时，支援来了。LMT天文台台长大卫·休斯是一位专横的英国天文学家，自2011年担任台长以来一直住在墨西哥。他穿着很前卫的运动服。马萨诸塞州阿默斯特大学的教授皮特·施洛布从一开始就从事LMT研究。昨天上午，他恰巧在山脚下参加了一个新的宇宙射线天文台的落成典礼。他穿着卡哈特（Carhartt）夹克[1]、卡哈特牛仔裤和橙色猎人针

---

① 卡哈特是一家成立于1889年的美国服装公司，以生产工作服闻名。

织绒线帽，看起来就像一个猎鹿的家伙。

在大卫·休斯和皮特·施洛布的帮助下，天文学家们成功发射了激光。休斯把一种叫作光学平面镜的小镜子放在镜子上，并用锂油脂做黏合剂。有人爬进了顶点孔，打开了安装在天花板上的红色激光源。红色激光指向内部，追踪入射光的路径。谢普和皮特还在接收机上安装了一束绿色激光。它会朝着与红色激光相反的方向发光。工人们用纸把接收室门上的窗户糊上，然后关了灯。

如果镜子排列正确，红色和绿色的激光将完全重叠。相反，它们会相距几英寸。

"等等。"谢普说，"他们做过了。"这说的是在几周之前，戈帕尔和同伴们也进行了低温棒测试。并且，他们用激光"也做过了"。"结果怎么会相距得这么远？"

"他们说他们把镜子摆放得无可挑剔。"林迪说，"两个激光器，两边，对准了，光路完全重合。那好像是三周前的实验。"

"有些事情和之前不同了，因为两个激光器现在都还没有对准。"谢普说。灯关了，激光打开，他们缓慢地轻轻推动M5，这面连接接收机的小镜子。大约一个小时后，激光器终于对准。午夜时分，谢普爬回接收架，再次进行低温棒测试。

不久之后，施洛布给出了结论："比之前好很多。"

* * *

他们乘坐电梯来到控制室，再次尝试让望远镜聚焦。他们的仪器告诉他们，木星的亮度比上次尝试的亮度高出3倍，因此镜面的调整起到了作用，有更多的光线从天空中进入接收机。但是他们仍然难以将望远镜对准3C 279，这是一个难以捕捉的目标。

到了凌晨3点，每个人都在笔记本上进行手算或在笔记本电脑上办公。大卫·休斯排队播放了个人创作歌手本·艾佛的音乐，而当天文学家们耐心地尝试观测3C 279时，控制室的音响里响起了一段异常应景的歌词——我可以看得很远、很远、很远。

很明显，镜子并不是唯一的原因。接收机内部的一个意外噪声源，污染了控制望远镜指向性的数据流。为了消除噪声，他们首先要找到它的来源，这可能需要几个小时到几天的时间。在与CARMA的工作人员进行视频会议之后，谢普提出了一个方案，用零配件制造一个滤波器，然后把它安装在接收机中，处理噪声信号。大卫·桑切斯对此表示怀疑。皮特·施洛布则对此持开放态度。大卫·休斯开始四处寻找零件。谢普对休斯说："我们会需要一个大容量的电容器。"

天文学家们轮流研究接收机，试图找出它的缺陷。最终，他们发现了他们认为是罪魁祸首的东西，接收机内部的一块松散的聚酯薄膜吸收了声波振动并将其转为噪声。谢普感到惊讶、如释重负和困惑，万千种情绪涌上心头。"所以。"他压抑着发狂的、激怒的笑声说道，"我们该怎么办呢？"

凌晨6点，谢普已经攒够了可以制造过滤器的零件。回到控制室后，他坐在一张桌子旁，将零件焊接起来，而大卫·桑切斯和皮特·施洛布则试图将望远镜聚焦到土星上。

就像常常会发生的那样，在海拔高度为15000英尺的地方，经过一整晚持续的辛苦工作之后，人们在太阳升起之前感到疲倦不堪。谢普想继续工作。他们能找到其他可以用来聚焦的行星吗？他们可以安装滤波器，看看是否能有帮助？大卫·桑切斯看到他们完成了。继续工作也无济于事，他们在缺氧和睡眠不足的状态下坚持得越久，就越有可能破坏本来没有损坏的东西。

"我们好累啊。"大卫说。

"好的，让我们收拾一下。"谢普回道。

劳拉是他们当中唯一一位没有露出丝毫疲惫状态的。在过去的三天之中，她都表现得十分出色。因为她很警觉，同时她也需要了解山顶和大本营之间的路线，所以便由她来驾驶。起初，她开得非常快，让大家感到害怕，但是当最可怕的拐弯也被他们甩在身后时，她的车技成功让大家安心了。大卫·桑切斯坐在副驾驶，指导她在正确的时间换低速挡，关掉四轮驱动，放慢速度爬过坡道。谢普坐在后排，用不了几分钟的时间，他就睡着了。他的头向前低垂着，随着马路的颠簸而上下摆动，下巴垂到了胸前，样子就好像被狙击手击中了一般。

黑洞之影

第二十一章

在接下来的几天漫漫长夜中，他们使用液氮"棒棒糖"找出两个独立的问题。镜子没有对准，因为M4的底座坏了。这个问题很容易解决。他们不能将望远镜对准，果然是接收机的由氦冷却的杜瓦瓶内部的一个小故障引起的。对于这个问题，并没有明确的解决方案——至少在戈帕尔回来之前没有。谢普、劳拉或林迪不可能打开戈帕尔手工制作的接收机的氦冷却恒温器。他们尝试编写软件来克服噪音，但这还不够，所以他们想出了一个繁琐的解决办法。他们首先用3个毫米波接收器指向望远镜，然后将指向数据传输到1毫米接收器，然后从那里开始。这意味着他们必须每小时手动卸下然后重新插入M4。但这已经足够让他们熬过一周的时间。

在观测运行的最后一晚，天空放晴了——然后条件足够好，他们决定再增加一个额外的夜晚——但总的来说，天气仍然很糟糕。所有的观测数据都以这样或那样的方式被折中。大约一个月后，他们得到了望远镜LMT和SMA数据的干涉结果，他们相信之所以能够成功是因为他们自己在阵列中的每个地点都部署了全新设备。但是，在他们等待从墨西哥运回的有关LMT的200TB的数据中，可能不会有任何科学发现。

* * *

春季观测活动结束两周后，谢普和家人驱车前往纽约，这样他就可以在美国自然历史博物馆（American Museum Of Natural History）发表公众演讲。这是上西区一个温暖晴朗的初春傍晚。谢普在海登天文馆（Hayden Planetarium）向满座的人群发表了演讲，他的幻灯片投射到圆顶天花板上。

谢普站在昏暗的房间中央的讲台上，尽管主题依旧，但精心准备的版本为公众带来了活力。"对于天文学家们来说，被邀请到海登天文馆演讲是至高无上的，"他开始说，"就像牧师被召唤到梵蒂冈一样。"他解释说，黑洞是广义相对论和量子力学"相遇"的地方。如果我们用"射电护目镜"观察它们，我们会看到物质组成的喷流从它们身上喷出，推力相当于"每秒1000亿亿颗氢弹爆炸"。"布鲁斯·威利斯（Bruce Willis）无法在摩根·弗里曼（Morgan Freeman）政府建造的一艘飞船上引导他们前往那里，"他说，"已知产生这种能量的唯一过程是旋转的超大质量黑洞。"

他描述了物质如何坍缩到难以想象的密度——中子星"有纽约的大小"——以及超大质量黑洞可能是如何由星系并合形成的。

他展示了这样一个并合的模拟视频，并警告说，"这个视觉效果很震撼——显示了完整的从接触到并合结束的整个过程，所以如果这里有任何孩子，你可能想要遮住他们的眼睛，以防受到惊吓"。

与最近在墨西哥山上的那些夜晚形成了相当戏剧性的对比，天文馆的一切都在打破他的方式。他展示了人马座A*黑洞阴影的模拟，播放了劳拉·维尔塔尔施奇制作的动画：当一个上面点缀着EHT望远镜的球慢慢旋转的时候，望远镜之间的基线出现了，"就像我们有这些蜘蛛为我们工作，旋转着这个网状物"。他描述了一些实地工作，并展示了一张前一年LMT微波激射器安装的幻灯片。"如果你们还没有机会看到过一个价值30万美元的原子钟被一根细长的电缆吊上螺旋形楼梯，"他告诉观众，"你们算是白活了。"

他解释了未来两到三年的计划。把观测站点的数量从3个增加到8个。记录的数据量将增加16倍，将EHT的收集面积扩大10倍。最终拍出一张阴影的照片。

当到观察提问环节时，第一个举手的是一位热情的大学男生。"我刚看了你的BBC纪录片，"他对谢普说，"你太棒了。你认为在奇点处会发生什么？"

之后，谢普、艾丽莎和孩子们在博物馆外转了一会，然后沿着街道走到哥伦布大道（Columbus Avenue）上的一家餐厅。谢普露出欣喜而疲惫的解脱表情：这段时间以来，那一夜是一场胜利，而且是第一次。

* * *

执掌 ALMA 的人并没有那么崇拜他们。

早在 3 月份，在春季观测的第一天，谢普从墨西哥的塞尔丹城（Ciudad Serdan）的 LMT 望远镜大本营打电话给美国国家射电天文台台长托尼·比斯利（Tony Beasley），了解到 ALMA 添加了一些新的条件。ALMA 现在期望事件视界望远镜能为任何想要写建议书的天文学家提供服务。EHT 将不得不向整个天文学界开放。理论上，某个人可以凭空冒出来，如果写一份银河系中心超大质量黑洞人马座 A* 的提案，而 ALMA 对于这个提案的喜欢程度超过了 EHT 的提案，那么谢普和他的同事将被迫执行这个人的提案。逻辑是这样的：ALMA 是由国际社会以强有力的"开放获取（open access）"政策建立的，这意味着 ALMA 所拥有的任何能力——包括扩展成地球大小的虚拟望远镜的能力——都必须向全球天文学领域开放。因此，事件视界望远镜必须向全球天文学团体开放，从塞尔丹城粉刷成白色的灰泥大本营，到充满犬吠和车顶扬声器的嘈杂地方。谢普听着比斯利解释新规则并认为：每一个音节都是疯狂的。

谢普挂了电话就想道：我需要休息一下。但即使在墨西哥经历了残酷的两周后，他也没有时间休息。观测计划结束后的几周里，人们一直在努力从硬盘驱动器中提取数据。在之前其他年份，春末夏初都是观测后的休息期——用于思考和计划，也是与家人、孩子和宠物团聚的时候。今年，他们发回家的所有数据都需要解决或这或那的问题，而不仅仅是来自墨西哥的数据。毫米波组合阵CARMA在从硬盘上获取数据时遇到了问题。SMA记录的格式与其他望远镜不同，所以他们必须先转换它，然后才能用它做其他事情。他们部署了如此多的新设备和如此多的新软件，以至于他们没有固定的参照点。

每次谢普查看ALMA情况的时候，情况似乎都变得更加糟糕了。今年5月，在西弗吉尼亚州绿堤举行的国家射电天文台委员会会议上，他在天文台休息室会见了托尼·比斯利，并试图解释为什么ALMA的要求是不合理的。不过比斯利不会同意的。他告诉谢普，"你的不妥协让人们很生气"。"你们这是在进行一次不可靠的行动"，他说，"只要你还在，ALMA就不会让你靠近他们的望远镜。"他传达的信息是：面对现实。你必须接受ALMA的要求。假如你接受的话，你可能会很幸运地拿到2017年的ALMA观测时间。

谢普觉得自己就像是在参加一场虐待狂游戏节目的比赛，每次他完成一个障碍训练，他就必须再做一次，只是这一次会有大白鲨参与。

迈克·赫克特一直问谢普：你想要什么？谢普说，他想要一个说法，多年来一直在做这件事的人的贡献可以得到尊重。他觉得海诺想以这种方式参与这个项目，是在为黑洞阴影创造一个虚假的历史。在这个黑洞阴影项目中，他是主要的推动者和主要的发现者。

谢普逐渐意识到他真正的论点没有说服任何人。他真正的观点是: 这不公平。他造了这个东西，然后被迫将它拱手送人，这是不公平的。他花了几十年的时间 —— 他的整个职业生涯 —— 并筹集了数百万美元来做这一项实验。现在，他要把它赠送给海诺，送给ALMA，送给任何想要用地球大小的虚拟望远镜进行观测的不认识的天文学家?

本来很自然地会怀疑他们是否还需要ALMA。乔纳森·温特鲁布在恼怒的时刻，提出了切断与ALMA的合作，并只使用他们拥有的望远镜的可能性。迈克尔·约翰逊和安德鲁·查尔(Andrew Chael) 一直在做计算机模拟，看看他们是否能从已经收集的数据中提取图像。答案是: 也许吧。如果他们有阿塔卡马探路者实验APEX，他们会有到智利北部的基线，这将给他们提供与ALMA相同的地理覆盖范围。当然，ALMA是地球上最强大的射电望远镜，所以他们必须以某种方式弥补灵敏度的损失。用超高速录像机和大容量硬盘驱动器，他们或许可以通过电子方式做到这一点——用谢普的话说，他们也许能够"通过提高它的观测带宽来得到"。如果没有ALMA就能拍到人马座A*的照片，那将是ALMA团队的一个刺痛。不过，当谢普谈到这个复仇幻想时，他的语气从来没有超过四分之一的信心。

* * *

黑洞之影

早在2012年，谢普获得了古根海姆基金会（Guggenheim Foundation）的拨款，他本来计划用这笔钱把全家搬到智利住一年。他们会住在圣地亚哥，送孩子们去那里上学，谢普会在ALMA总部工作，一周来5天，讨好负责人。不过智利的事情从来没有发生，因为要把一个夫妻两人有两个不同职业，并且还有青春期孩子要管的家庭搬到国外一年并不容易，特别是在试图指导建造一个地球大小的虚拟望远镜的时候，所以谢普从来没有要古根海姆的钱。当2015年来临时，资金仍然可以使用，谢普告诉基金会的人，他想带家人去夏威夷玩6周，而不是在智利度过一年时，基金会的人出人意料地管得不那么严格了，同意了他们的要求。他们于是在希洛（Hilo）郊外租了一所房子，谢普每天到夏威夷大学研究园区的亚毫米阵列（SMA）总部上班，那里是一个海平面高度的办公区域，给莫纳克亚山上的大型望远镜提供支持。

他们在那工作。住在希洛的杰夫·鲍尔为中国台湾天文与天体物理研究所（ASIAA）工作，ASIAA是一家总部位于中国台湾的研究机构，负责管理詹姆斯·克拉克·麦克斯韦望远镜。谢普和杰夫·鲍尔试图从地球表面获得有史以来最高的角度分辨率，利用ALMA、APEX和SMA在莫纳克亚进行了0.87毫米的观测。结果它失败了，主要是因为一个软件错误。

他们也在那里玩耍。谢普、艾丽莎和孩子们在大岛的西海岸进行了为期7天的自行车之旅，从科纳（Kona）骑车向北，绕着山脚转了一圈，而这座山现在已经成为他们父亲当前事业的旋涡风暴所在地。

距离使组织建设进程搁置。只要有人早上6点起床或熬夜到晚上11点，举行一次包括亚洲、欧洲和美国人在内的电话会议是可行的，但夏威夷也可以在自己的平行宇宙中。那里的人们必须在凌晨3点起床才能参加全球电话会议。

访问接近尾声时，谢普飞往檀香山参加国际天文联合会大会。安东·泽普斯（Anton Zensus）和托尼·比斯利会在那里，谢普想要示好。会议的其中一个大环节叫作"庆祝射电天文学的黄金岁月"，内容是关于20世纪的60年代。谢普认为这是个糟糕的标题，因为它在说，"你们错过了。任何默认年龄没有那么大的人都没有参加过黄金时代"。然而，在这里，他和安东·泽普斯和托尼·比斯利在火奴鲁鲁，策划着射电天文学中最伟大的一次的事件。

尽管他从来没有一刻可以一个人待会，但是休假、距离、阳光和宁静，都奏效了。当谢普从夏威夷回来时，每个人都注意到了不同之处。他已经准备好达成协议。

9月份的时候，谢普收到一封信，称ALMA获得亚毫米VLBI批准为第四周期官方观测模式的最后期限是在11月的ALMA董事会会议上。第四轮申请是从2016年底到2017年春季的望远镜时间块。如果他们想在2017年首次开始事件视界望远镜的观测，他们的计划必须进入第四轮申请。

谢普已经放弃了获得主任自由支配时间或其他特殊待遇的任

何幻想。他接受了他们必须像其他人一样排队。他和其他人，特别是那些不喜欢ALMA告诉他们该做什么的望远镜主管们，在过去的几个月里一直在处理的是EHT需要成为一个开放访问的设施的要求。现在他们有了一个最后期限。到11月，谢普团队和海诺团队将不得不就事件视界望远镜和黑洞拍照计划的合并达成一致。他们将不得不接受ALMA的条款。他们也将不得不向ALMA董事会展示统一战线。如果他们没有，他们可能将无法在2018年之前拍到一张人马座A*的照片。

谢普仍然有所顾忌。一旦你同意组织主任向董事会报告的结构形式，那么最终什么都不能得到保证。至于ALMA的要求，总有可能有一些随机的天文学家们突然出现，击败EHT天文学家们，获得使用他们自己阵列上的观测时间。

他一直在演练他可能会失去控制的每一种可以想象的情景。也许，他开始想，人们一直在回击的原因并不是他们想要我陷入困境，但是这些场景太遥远了，在我们想出如何抢占先机之前，不值得搁置整个项目。也许再这样下去对任何人都没有好处。

人们知道他们最终想要的是什么：荣誉。将他们的名字与第一张黑洞图片联系在一起，只要文明持续下去。要做到这一点，没有单一的杠杆可以拉，也没有按钮可以推。在设计这个组织时，每个人都有一个动机，那就是尽可能多地增加杠杆和按钮。再加上文化差异和数十年的滋生蔑视的熟悉感，这些共同造就了一种不信任的氛围。

他认为风险是巨大的。但越来越多的是，他只想把这件事情做完。现在EHT项目的办公室里挤满了年轻的研究人员、研究生和博士后，他们指望这台望远镜在他们的合同结束之前就能够启动。他们需要EHT开始收集真实的数据，这样他们才能撰写论文，开始他们的职业生涯。如果这种情况再拖上一两年或三年，这些人就会空手而归。

一些人仍然认为，他们应该追求独立的方式——没有ALMA的图像。但是谢普最近对可能的合作更加感兴趣。他认为，增强带宽的方式得到图像会成为一个伟大的故事，但计划一个伟大的故事并不意味着成功。

第四部分

地球大小的望远镜

第二十二章

2016年1月

新年刚过，雷莫·提拉努斯就给合作伙伴发了一封电子邮件。在进行大的观测之前，他们有14个月的时间，但是他们已经落后了。由于他们最终在秋季就组织原则达成一致，ALMA已经批准将VLBI作为第四轮申请中"广而告知的功能"。除非发生灾难性的事情，否则他们会在2017年将ALMA添加到事件视界望远镜中。但是他们在政治上花了太多时间，所以他们必须抓紧时间。14个月很快就过去了，有很多事情要做。首先，他们仍然必须向ALMA提交一份正式的提案，要求获得观测时间。

去年，在匆忙与CARMA进行最后一次观测时，他们在每个地点都安装了新的VLBI设备，尽管2015年春季运行时一片混乱，但是当他们最终处理数据时，他们发现一切都按照预期工作。但是这并不意味着它明年就会奏效。在接下来的几个月里，望远镜本身将进行各种升级，所以它们的工作平台并不稳定。他们必须在今年春天再次进行观测，在2017年的练习赛中，然后他们必须在大型观测之前再进行几次试运行——至少在秋季进行一次，然后在冬天再进行一次。

雷莫作为"负责人"（他仍然是临时项目经理，所以他负责看管事情，但没有任何真正的权力），他的首要任务是巩固阵列的核心终端设备。在他看来，截至2016年1月，他们可以绝对信赖的望远镜并不多。亚利桑那州观测站的SMT就是其中之一。他想把夏威夷站和墨西哥观测站加入这个名单。他们会在ALMA的一系列测试中使用可靠的核心终端设备，从而避免让自己难堪。他们将从那里开始，给更多的望远镜配备经过良好测试的仪器。APEX、IRAM、SPT（丹·马龙和他的团队将在12月返程时装备该望远镜）。他们将按照安排好的顺序，按有序的时间表装备、测试和排除这些望远镜的故障，他们会确保他们看起来像是专业的天文学家，不会弄坏他们触摸到的东西，因为ALMA的人正关注着他们。

* * *

谢普当时正准备安顿在位于康科特大道的哈佛大学-史密森天体物理中心大楼的办公室里。这间曾经空荡荡的房间现在已经有了一些最初的装饰。在他办公桌旁边的墙上，是一幅黄色的表现派花卉版画，是他在当地一位艺术家的公开画廊花了80美元买的。在入口门外，印有1995年"世界新闻周刊"的一篇报道的照片，内容是科学家们如何发现地球以每小时10700千米的速度绕太阳运行——这是撒旦的速度！谢普在文章中最喜欢的部分是一幅带有说明的插图，标题是"艺术家对处在地狱之火中的撒旦的渲染"。谢普对"世界新闻周刊"情有独钟。他的生父曾经写过一篇关于这份报纸的文章，讲述了他们如何招募优秀的作家并支付高薪，因为一旦他们掉进了最底层的小报领域，就再也找不到合法的新闻工作了。

他办公室里的另一件新物品是约翰·坦普顿（John Templeton）的书《谁会被认识的上帝》。坦普顿是早期的类似沃伦·巴菲特（Warren Buffett）的人物，他是一名选股人，在第二次世界大战和20世纪90年代退休之间的几十年里赚了数十亿美元。到了捐出财产的时候，他成立了约翰·坦普顿基金会，旨在"通过支持重大问题的研究来促进人类福祉"，并在此过程中调和宗教和科学。坦普顿是个复杂的人。他是一个无情的资本家，在20世纪60年代末放弃了美国公民身份，搬到巴哈马群岛避税——然后辩称这是为了更大的利益，因为他本可以缴纳的税款现在可以用于慈善事业。他是一位虔诚的长老会教徒，是科学的忠实赞助人，尤其是探索心灵奥秘和实在本质的科学。他没有从字面上理解"圣经"。他认为人类对宇宙的真实本质一无所知，科学和宗教都使我们更接近真理。为了促进这一进展，他设立了一个基金会，支持科学家们探索这样的问题："自然是否提供了目的的证据？时空的本质是什么？我们居住在多元宇宙中吗？生命是如何起源的？"

这就是为什么坦普顿的书会出现在谢普的办公室书架上。谢普一直在与基金会讨论资助哈佛大学成立黑洞研究中心（Black Hole Initiative）的事宜，这将是一个面向天文学家、物理学家、数学家和哲学家的跨学科中心，而且它将是世界上第一个这样的中心。他曾试图用国家科学基金会的拨款启动该中心。去年，他与阿维·勒布、拉梅什·纳拉扬以及其他名人，包括理论物理学家安德鲁·斯特罗明格、做出了弦理论基础发现的数学家丘成桐，以及哲学家和科学史学家彼得·加里森，组成的一个合作小团队。截止日期的前一天晚上，谢普和迈克尔·约翰逊在天体物理中心通宵工作，并在下午1点提交了提案。然后谢普走下楼，上了车，开始开车回家，几分钟后，就在红绿灯前睡着了。后视镜里闪烁的警灯吵醒了他。汽车在他周围飞驰而过。警察问他："你是在打电话，还是怎么的？"

"不，嗯，我睡着了。"

令人恼火。"如果你那么累，你觉得你应该开车吗？"

谢普在乱成老鼠窝的副驾驶的储物箱里找不到他的汽车登记证了，所以警察查了一下，发现他的车检已经过期三年了，因此他收到了一张行驶违章的罚单。这张罚单和其他的罚单，另外他也搬到天体物理中心，谢普变成了骑自行车通勤的人。

谢普总是说他"基本上"是一个无神论者。他和家人周五晚上去寺庙点蜡烛。他会把他们的做法描述为犹太教精简版。但他喜欢这个仪式，这个传统。尽管谢普对宗教感到不适，但他以近乎敬畏的态度对待精神问题。在一年半前的以色列之行中，他被圣墓教堂感动了，根据传统，圣墓教堂是耶稣受难和埋葬的地方。谢普怀着敬畏的心情看着朝圣者走进圣殿，也就是耶稣坟墓的所在地。他喜欢谈论上帝和宇宙。他和一位老拉比过去常常互相同情，聊聊天。他们一致认为，天文学和宗教都是审视过去的方式。望远镜是一种见证远古的仪器，用来接收由几千年、几百万年或几十亿年前经历变化的物质传递的信息。仪式是一种与逝去的世代沟通的方式，是通过专注和有意地重复你祖先的行为来与过去联系的一种方式。

所以谢普同意从坦普顿基金会拿钱的想法。此外，他必须要务实。在他的演讲、提案以及对资助者和科学政策类型的推介中，他试图将EHT定位为能够而且应该在第一次重大观测之后很长时间内继续进行的东西。如果他们在希望明年收集的数据中看到人马座A*的阴影，那就太好了——但是他们可以在2018年拍到更好的照片，届时他们的望远镜带宽又一次翻了一番。他们可以继续前进。他们可以在格陵兰岛、非洲建造新的望远镜。他们可以将带宽提高到每秒256千兆位，是美国平均宽带互联网速度的1万倍。在这个水平上，他们不需要世界上最大、最高、最先进的望远镜——他们可以使用较小的望远镜，并用连续不断的数据来弥补收集区域的损失。即便如此，望远镜还是会过时。实验会终结。谢普开始接受这件事会走到尽头，是时候为以后的生活做准备了。

黑洞之影

第二十三章

2016年4月，当谢普将自己的生活日程与一年一度的人马座A*的观测周期同步时，他决定在春季观测期间待在家里，这是他自研究生以来的第一次。他本来一直计划去墨西哥参加观测，但艾丽莎不得不去华盛顿特区出差，他们也已经有很多人去参加LMT，包括林迪、戈帕尔、杰森·索霍等人。他们能处理好的。这真的是2017年的一次观测演习。另外，在剑桥这边也有很多事情要做。

即使在去年秋天与合作方矛盾有所缓和，他们仍花了几个月的时间才拿出一份所有人都能达成一致的合作协议。谢普心中不信任的部分仍然时不时地会冒出来一些想法。每次他们解决一个问题，就会出现另一个问题。理论家应该加入吗？他们是否应该像把望远镜带进阵列的人一样成为"利益相关者"？望远镜需要带来什么呢？他们一定要带来保证的观测时间吗？谢普想要衡量每一种可能的情况，为每一种意外情况做好准备，建立一个无懈可击的条款，无论如何都要保护他在EHT中的拥有权地位。他一直在阅读有关机构如何运作的文章；他已经意识到这里缺少的是信任。每个人都知道，如果他们不团结起来，这个项目就会失败。几十个来自不同国家和不同科学文化、有着不同制度压力和政策的人将不得不找到共同点，否则银河系中心的黑洞将没有机会被看见。这种清晰度并没有让事情变得更容易。赌注当时太高了。有一次，谢普与专业的调解人员交谈，寻求建议，认为他可能需要请来一名仲裁员。也许这就是他们需要的。天文学家的优柔寡断是出了名的。你总是可以在会议上认出天文学家，谢普喜欢说，因为大约在晚餐时间，他们不是在餐厅里吃饭，而是在外面犹豫不决，不知道该去哪里。要求这些人处理一场微妙的国际谈判，就像把一个人体火炬放在加油站一样，会让事情变得非常糟糕。

那么接下来，一旦合作走到一起，他们将如何处理ALMA。谢普仍然担心，根据ALMA的开放访问规则，一些外来者可能会突然闯入，偷走他们的观测结果。每次他提起这件事，谢普都会听到同样的话：如果其他人写了一份人马座A*提案，而且排名高于EHT，那么EHT就不走运了。如果谢普和他的同事不能写出世界上最好的人马座A*提案，他们就不配使用他们自己的发明——毕竟，这个观测依赖于世界各地造价数十亿美元的望远镜，而这些望远镜并不是他们制造的。

这些问题和其他问题在4月份都达到了紧要关头。最终，他们确实提出了一项合作协议，并将其付诸表决。投票的最后一天

黑洞之影

是4月1日。他们仍然需要申请ALMA的时间，而这项提案应该在4月下旬提交。谢普必须为4月的另一件大事做准备。4月18日，史蒂芬·霍金来到剑桥，参加哈佛大学"黑洞计划"（Black Hole Initiative）的开幕式。

＊＊＊

4月一个阳光明媚的下午，数百名学生、教授和普通民众在屋顶有18米高的哈佛纪念堂（Memorial Hall）前排队，观看史蒂芬·霍金发表名为"量子黑洞（Quantum Black Holes）"的演讲。在纪念堂的北端，谢普正在闲聊。他穿着有天文学家特征的黑领带、棕褐色上衣和斜纹棉布裤子。谢普在与其他人进行必要寒暄的时候，艾丽莎在一旁等待。她心情很好，不仅因为她和大厅里的大多数人一样，也感受到了人群的振奋，而且她刚刚被提升为副教授。

在演讲前半个小时左右，他们被带进了桑德斯剧院，这是一个拥有1000个座位的高度严肃的会议厅。"这有点像马戏团！"谢普对托尼·比斯利说。史蒂芬·霍金登上了舞台，那一刻整个房间陷入深深的寂静。他的医疗设备以一种特定的节奏，回荡在整个音响完美的房间里：嗡嗡、呜呜、嘟嘟，嗡嗡、呜呜、嘟嘟……

著名的计算机化的声音说话了。"你能听到我说话吗？"

"我很高兴来到这里参加黑洞计划的开幕式，"他开始说。

从技术上讲，黑洞计划当时还没有准备好启动，因为坦普顿基金会还没有批准资助它的拨款。现在举行就职典礼的全部原因，并不是黑洞计划已经得到保障，而是因为史蒂芬·霍金已经计划在美国启动一个名为"突破摄星（Breakthrough Starshot）"的项目，该项目由俄罗斯亿万富翁兼慈善家尤里·米尔纳（Yuri Milner）资助，目的是向半人马座的比邻星（Alpha Centauri）发送一个小型激光驱动的太空探测器。让史蒂芬·霍金横渡大西洋需要一架急救喷气式飞机。黑洞计划的主任阿维·勒布希望利用"这只稀有鸟类"在北美着陆的机会，为该计划的开幕式做准备。因此，他策划了这次活动，然后要求坦普顿基金会尽快做出决定。现在史蒂芬·霍金站在台上，当着1000人的面祝贺"黑洞计划"项目取得成功。

但那一刻最重要的是，这位伟人本尊就在这里，解释着他花了整个职业生涯思考的奥秘——特别是黑洞、热力学和信息论之间深刻而丰富的联系。其中最伟大的是黑洞信息悖论，正如他解释的那样，该悖论"击中了科学决定论的核心"。他已经寻找了40年的解决方案。"终于，"他说，"我找到了我认为的答案。"

他与另外两位理论物理学家一起工作，开始理解一种名为"超平移"的机制是如何对黑洞视界面上的信息进行编码的。"注意这个空间，"他说。然而，他已经确信黑洞不是"我们曾经认为的永远的监狱"。"如果你掉进了黑洞，"他说，"不要放弃。是有出路的。"

　　　　　　　　　　　　　　　　　　　黑洞之影

演讲结束后，观众鱼贯而出，而一直坐在预留座位上的人则在舞台附近徘徊。谢普、阿维·勒布、拉梅什·纳拉扬、安迪·斯特罗明格、彼得·加里森和丘成桐——黑洞倡议的6名资深成员——登上舞台，与该中心的"荣誉附属人员"霍金合影留念。然后人群开始穿过校园走向哈佛艺术博物馆，阿维将在那里举办庆祝晚宴。

几张圆桌被放置在博物馆一楼的庭院里，在伦佐·皮亚诺（Renzo Piano）设计的玻璃屋顶之下。谢普和艾丽莎坐在乔纳森·温特鲁布和他的妻子罗比·辛格尔（Robbie Singal）旁边。"谢普和我需要聊一聊，这是为什么我们坐在一起。"乔纳森看到桌牌时说。就在那时，谢普走了过来。乔纳森当时穿着一件略带夏威夷风格的纽扣衬衫。"风格不错，乔诺，"谢普说，"你的衬衫已经解开到胸骨了。"

＊ ＊ ＊

这些活动旨在庆祝坦普顿基金会的基金并不是最后一笔赠款，这个捐款包括在三年内可以使用的7204252美元。当时的希望是找到一位富有的支持者来启动一项捐赠基金，以维持该中心的永久运营。不过，这项计划已经将谢普提升到了哈佛广场等级制度的一个新等级[1]。他不再仅仅是一个设备制造者。由于哈佛大

---

① 哈佛广场是哈佛大学管理机构所在地。

学同意翻新460平方米的黄金地块，以容纳黑洞计划项目，谢普现在将与一些最知名、最富有生成力的人共用办公室，以寻找终极自然法则。

史蒂芬·霍金在纪念堂的演讲中说，他终于破解了信息悖论，他指的是他与两个人的合作：剑桥大学的马尔科姆·佩里（Malcolm Perry），以及谢普的新同事安迪·斯特罗明格，后者是一位以数学物理方面的革命性工作而闻名的理论家。在20世纪90年代，他发现了一组六维数学物体，并将其命名为卡拉比-丘空间（Calabi-Yau Space）[1]——这个名字中的"丘"指的是黑洞计划项目中的另一名成员、数学家丘成桐——可以解释弦理论如何描述一个四维宇宙，里面充满了在我们的宇宙中看到的物质类型。这一发现使得弦理论从一个死路一条的不那么重要的爱好变成了理论物理学的巨大希望。在接下来的20年里，斯特罗明格在弦理论及其后继者M理论的肥沃海洋中收获了很多成果。在M理论中，"M"代表"神秘""矩阵"或"膜"，这取决于你问的是谁。1996年，他和卡姆朗·瓦法（Cumrun Vafa）证明了弦理论可以解释黑洞热力学的微观成分：黑洞的温度可以通过弦在隐藏的额外维度中抖动来描述。当他与谢普、阿维·勒布以及其他三人一起组建黑洞计划时，斯特罗明格已经成为哈佛物理界资深的创新者。他戴着厚实的黑色眼镜，穿着黑色T恤和牛仔裤。他说话轻柔而有条不紊，仿佛在实时地从一门外语翻译过来，那门语言就是代数几何。在哈佛大学杰斐逊实验室（Harvard's Jefferson Laboratory）顶层一间高天花板、木质嵌板的角落办公室里，他领导着自然基本法则中心（Center For The Basic Law Of Nature），在那里，8名教授和大约40名博士后和研究生在探索着现实的最深处。

斯特罗明格-霍金-佩里（Strominger-Hawking-Perry）的论点是无毛定理是有缺陷的，而这个普遍接受的无毛定理认为黑洞可以完全由其质量、角动量和电荷来描述。事实上，研究人员认为，黑洞有"软毛"[2]，通过霍金在纪念馆演讲中提到的机制——超平移——这种柔软的毛发记录了关于落入其中的粒子的信息。

柔软的头发对谢普来说意义不大。但斯特罗明格的另一个想法却意义很大。斯特罗明格确信，奇怪新现象的证据是如雨点般落在我们头上的来自黑洞边缘的辐射。他对一种被称为共形对称性（conformal symmetry）的数学性质特别感兴趣，这种性质出现在各种接近相变的系统中，包括水和磁体。在一类特殊的黑洞中——那些以接近光速旋转的黑洞——时空经历着一种很像相变的变化。

在21世纪初，斯特罗明格开始了一个项目，利用这条线索——共形对称——作为追求量子引力理论的线索。就像一瓶水的宏观性质——它的温度、黏度等等——是我们对数万亿原子集体行为的模糊认知一样，时空的宏观尺度性质也是如此。现在我们回到大问题上：那些原子是什么？我们也不知道。但是，如果你想找出答案，并且你确定了一种情况，在这种情况下，时空本身似乎在临界点上表现得完全像水、磁体和其他系统——这些临界点都受到相同的基本数学规则的支配——那么你就知道你的方向是对的。

你可以从两个方向追查此线索。一种是寻找构成太空的基本粒子——加入长期寻找量子引力理论的行列中。另一个方向是看看这些奇怪的时空属性对附近的物质造成了什么影响，以及这些影响如何显示在天文信号中——例如，在事件视界望远镜收集的光中。

天文学家通过研究非常接近黑洞视界面的X射线来计算黑洞的自旋。当黑洞以接近最大的速度旋转时，从视界面附近发出的光会延伸到光谱的红端——因为被红移——有可能是无限大。科学家目前可以精确地测量这种红移[1]。在过去的10年里，他们已经将这种测量方法应用于来自几十个天体物理黑洞的X射线观测中，他们发现其中大多数黑洞都在快速旋转，其中许多旋转的速度接近光速。黑洞GRS1915+105的自转速度是光速的98%[2]。MCG 6-30-15几乎达到了光速的99%。M87是事件视界望远镜的两个主要目标之一，它的旋转速度不是很快，但足以值得关注。在这些黑洞和其他黑洞中，似乎存在着自旋和喷流之间的关系，即那些宇宙火柱。旋转得越快，喷流就越细。按照现实世界的混乱标准而言，这是异常完美的。斯特罗明格和其他人怀疑这些喷流是划

---

[1] 这种红移被称为引力红移，以区别因宇宙膨胀导致的宇宙学红移。

[2] 这个黑洞的自旋已经降低到了84%。

黑洞之影

过天空的临界现象。

在办公室的一块大黑板上，斯特罗明格写了一张比他自己还高的清单，上面列出了需要解决的具体、易解决[1]的问题——相对可行的大块工作，每一项工作都足以让一个有才华的学生花上几个月到几年的时间。其中一名学生名叫亚历克斯·卢普萨斯卡（Alex Lupsasca），他和亚利桑那大学（University Of Arizona）的物理学家萨姆·格拉拉（Sam Gralla）一起承担了一项任务，即确定事件视界望远镜在观测以接近最大速度旋转的黑洞时可能会看到什么。他们的预测结果看起来与EHT的理论家所做的模拟结果完全不同。[3]

卢普萨斯卡的目的是发现，如果某个明亮的物体——恒星或热斑——围绕着一个近乎最大自旋的黑洞运行，观测者会看到什么。作为参考，他首先建立了一个忽略广义相对论时空扭曲效应的模型。在这张照片中，观测者准确地看到了我们的直觉，我们对卫星绕着行星运行和行星围绕太阳运行的理解塑造了我们的直觉：一个黑色的圆圈——它的阴影—— 一个亮点沿着赤道从左向右移动。然而，当卢普萨斯卡打开广义相对论的影响时，一切都发生了变化。非常的不同。恒星或热点的图像不是沿着黑洞阴影的赤道平稳移动，而是沿着一条垂直线向上发射到黑洞阴影的一侧。

产生这种奇怪效果的原因是，轨道上的恒星或热斑并不是在一个平坦的空间中沿着暗圈的赤道平稳移动：它绕着黑洞的喉

---

① tractable problems，可用多项式时间算法解决的问题。

咙[1]的内侧旋转。在那个区域，所有的东西都在以相同的速度朝同一方向绕着视界面旋转。每隔一段时间，恒星或热斑的图像就会像从投石带上扔出的石头一样从黑洞喉咙处抛出。

如果事件视界望远镜观测到这一怪异的景象，它将提供证据，证明在快速旋转的黑洞视界附近，共形对称性是成立的。这反过来又证明了"全息板"的存在。"全息板"是由二维共形场论（conformal field theory）描述的二维区域，自20世纪90年代以来，理论家们一直认为，该区域必须存储有关黑洞内容的信息。

天空中的共形对称符号

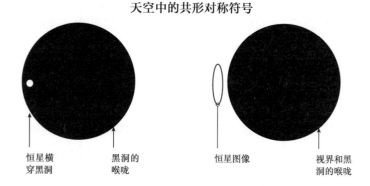

恒星横　　　　　　黑洞的　　　　　　恒星图像　　　　　　视界和黑
穿黑洞　　　　　　喉咙　　　　　　　　　　　　　　　　　洞的喉咙

引力关闭　　　　　　　　　　　　　　引力打开

---

① the throat of the black hole，就是指黑洞视界面附近。

第二十四章

　　谢普现在在三个地方办公，有点太多了。那年夏天，他决定辞去海斯塔克天文台的兼职工作，转而在天体物理中心做全职工作。

　　严格来说，一个人应该在麻省理工学院工作25年，这样在离开的时候就会得到一把纪念性的办公椅。谢普已经在海斯塔克天文台工作了24年，其中21年是作为合法的全职雇员。不管怎样，他们还是给了他一把椅子。

　　他们在海斯塔克天文台的主会议室举办了他的告别派对，谢普至少曾在那里说过，他工作的压力会把他压成钻石。他们分享了蛋糕、咖啡、礼物。艾伦·罗杰斯、迈克·蒂图斯、科林·隆斯代尔——这些人曾经教过他，与他并肩工作，有时还与他争辩过——分别发表了讲话，谢普在他之后的讲话中也依次感谢了他们和其他人。

　　他离开时感觉一切都很好。不过他也很害怕。他认为科学家是生活在养殖场里的有机体。在研究生阶段，海斯塔克天文台是他发现的第一个将氛围和营养完美结合在一起的地方。他能在另一个养殖场中苗壮成长吗？他很担心这一点。他现在已经在天体物理中心做了三年半的兼职工作，但他还没有克服他的冒名顶替者综合征①。他担心人们认为他只能做他目前所做的事，而且因为他碰巧在海斯塔克天文台。现在他有机会证明并非如此，而且他也必须学会在一个新的生态系统中运作。

马萨诸塞州，剑桥市
2016年11月

几个月过去了，谢普最担心的事情没有成为现实。2016年7月，ALMA分配时间的陪审员与他在维也纳会面，并满足了EHT的大部分要求。谢普对他们拒绝他的一些次要建议感到恼火，但重要的建议——特别是主要的人马座A*观测——获得了批准。令人畏惧的开放获取ALMA提案——谢普曾担心这些提案会窃取他毕生的成果——最终证明是无害的。

之前总有一些新的政治复杂情况让谢普感到不安。但任何参

---

① 这个名称是在1978年由临床心理学家克兰斯博士与因墨斯所提出，用以指称出现在成功人士身上的一种现象。患有冒名顶替症候群的人无法将自己的成功归因于自己的能力，并总是担心有朝一日会被他人识破自己其实是骗子这件事。他们坚信自己的成功并非源于自己的努力或能力，而是凭借着运气、良好的时机，或别人误以为他们能力很强、很聪明，才导致他们的成功。即使现实环境中的证据指明，他们确实具备优秀才能，他们还是认为自己只是骗子，不值得获得成功。

加过两年前滑铁卢会议的人都能感觉到一些转变。这种合作正在助长一种新的氛围——不受过去故事束缚的氛围。看起来时髦的学生和博士后晚上在大堂酒吧里闲逛，他们对谢普和海诺之间的冲突了解甚少，也没有什么用处。他们只是对来到这里感到兴奋。

在会议前的倒数第二个晚上，凯蒂·布曼和安德鲁·查尔教聚在一起的科学家如何根据原始数据制作图像。他们占据了酒店大堂的餐厅，把桌子推在一起，形成了一个巨大的公共工作区。数十名年轻的天文学家，其中许多来自欧洲，出现在培训活动中。谢普坐在桌子中央，面前放着他的笔记本电脑。这正好是鸡尾酒时间，房间里喧闹而喜庆。

为了测试凯蒂的名为 CHIRP 的算法与其他方法的对比，凯蒂、安德鲁和其他几个人创建了一个开源的 EHT 成像挑战赛。任何人都可以上网，下载真实的和合成的 EHT 数据集，通过 CHIRP 或他们自己的成像算法运行它们，然后比较结果。在鸡尾酒时间的研讨会上，凯蒂和安德鲁带领大家进行成像挑战。凯蒂和安德鲁绕着房间转了一圈，在讨论的背景声中讨论大家的进展情况。

研讨会开到大约一半的时候，海诺顺道过来。他和谢普都面带微笑，很放松。海诺很高兴看到有很多他的学生和博士后参加了培训。谢普很高兴他的学生在教海诺的学生。这段时间，每个人都很享受其中乐趣。

大型毫米波望远镜(LMT)

2017年1月

整个秋天和冬天，都在对望远镜一条基线一条基线地测试，不过时好时坏。每一次成功的测试都会给它的捕光网络增加一个新的光丝。11月，APEX和SMT联手：智利到亚利桑那州的基线下降了一条。接下来的一个月，丹·马龙、金俊汉和安德烈·杨前往南极洲准备南极点望远镜。几周后，工作人员飞往墨西哥和智利进行一项测试，该测试将联合长期寻求的望远镜三巨头——SPT、ALMA和LMT。

谢普本来想去南极。他可在那里过50岁生日。这会使他在中年完成一个令人愉快的对称的弧度。不过，南极那边很拥挤。许多项目即将完工，有正当理由参观极地的人比床位还多。另外，谢普在剑桥有太多的事情要做，不能在南极待上两个月。他有一个实验要指导，哈佛大学有一个新的学术中心要帮助建设，还有一个妻子和两个十几岁的孩子。然而，在1月下旬，在他50岁生日的时候，谢普再次发现自己在内格拉山脉上，在稀薄、无菌的空气中艰难地爬上那座如同被荒废的螺旋楼梯，登上光亮的货运电梯，然后进入LMT的控制室。

那是试运行的第一个晚上的早些时候。后端的房间很安静，除了马克6数据记录器的冷却风扇发出的微型涡轮机的嗡嗡声。谢普和林迪正在冷静地检查电缆，并在笔记本电脑上键入命令。

黑洞之影

谢普穿着他惯常的浅黑色夹克，这是个好兆头，因为昨天他还躲在一件巨大的羽绒服里。他患发烧和湿咳已经一个多星期了。对于这种身体状况的人，医生很可能会建议不要飞往墨西哥，并且不要在海拔4500米的地方通宵工作。不过，就在大型测试来临的时候，他的身体也正在好转。

隔壁，戈帕尔和大卫·桑切斯正在键入他们自己的命令。门德尔松（Mendelssohn）正在用控制室的扬声器播放音乐。大卫面前的屏幕显示云层在山顶上翻滚，不过没有人因此担心，因为时间还早；稍后，云层会下降并形成逆温层。不过，今天比昨天更冷，风也更大。昨天，事实上应该是几周前，天气一直异常晴朗干燥。后果显而易见：通常山顶覆盖着白色积雪的皮科德奥里扎巴火山因为冰雪融化而山顶显现出花岗岩的灰色。每个人都不得不承认，这不是一件好事——就像全世界所有的冰川消融一样，皮科德奥里扎巴火山不断减少的积雪可能也是受到了气候变化的影响——但他们只能接受。

"好消息，"大卫说，"我们锁定目标了。"

还有10分钟。每个人都站在控制台周围，等待着。谢普指着大卫的一台监视器。"那片云看起来很糟糕，"他说，"你知道，我担心的是结冰。如果我们待在雾中，天气变冷，我们可能会遇到结冰的情况。"

"是的，我们在努力。"大卫说。

"气温是多少？"谢普问道。

"接近露点。"戈帕尔说。

"情况不太好，"谢普说，"有可能会有霜冻。"

不到几分钟，天气就开始变了。谢普说："你知道，我不想这么说，但看起来情况有点好转了。"

在一台大型平板显示器上的数字钟上，秒数一秒一秒地流逝。随着当地时间凌晨1点的临近，戈帕尔开始倒计时。"四，三，二，一，零。发射①。"

大卫在他的办公椅上转了转，双手拍在膝盖上，说："让我们庆祝一下。"他站起来，在房间里走来走去，给大家分发裹满芝麻的腰果零食。

---

① 就是开始观测，这里借用了发射火箭时的说法。

第二十五章

马萨诸塞州，剑桥市

黑洞研究计划

2017年4月4日

谢普总是在想，当事件视界望远镜计划最终亮起的时候，他会在哪里。在莫纳克亚，这个项目开始的地方？在墨西哥，可以看到邻近的层状火山，水气环绕山顶，处在在观测之前的朦胧中？在智利，在一间一尘不染的控制室里，在海拔2100多米的荒芜的红色高原上，控制着60多个同步观测的碟形天线？然而，最终他发现自己身处剑桥，忙于黑洞研究计划。

冷雨拍打着窗户。外面，树上长满了嫩芽，为春天做好了准备。事实上，里面是明亮且温暖的，实际上是炎热的。十台嗡嗡作响的电脑和至少同样多的人挤进了谢普与安迪·斯特罗明格、彼得·加里森和拉梅什·纳拉扬共用的办公室。他们没有一个人经常使用这个房间，因为他们在其他地方都有更大、更好的办公室，所以为了观测，他们把它改装成了一个临时的指挥中心。谢普坐在会议桌旁，桌上放满了笔记本电脑和手机，还有一部黑色固定电话。在房间一角，一个球形的黑色摄像头指向会议桌。

在北墙上，一台大型监视器显示了卫星天气数据。在它旁边，在一个较小的监视器上，每列时钟显示着每台望远镜的当地时间。在窗户对面墙上的一块大白板上，有人用绿色、红色和蓝色的干擦笔画了一张图表：

	天气	技术	晚上观测	多天天气观测	当地经验
LMT					
SPT					
SMT					
ALMA					
APEX					
SMA					
JCMT					
PICO					

　　　　　　　　　　　　　　黑洞之影

在白板的右下角，绿色标记：

下午4时：G/NG（观测/不观测）

每天下午4点，东部夏令时，谢普会做出当晚的决定：观测还是不观测。到时，即使情况特别糟糕，也不能改变了。

那是10天窗口期的第一天的下午2点。事件视界望远镜合作组织获得了65小时的ALMA时间，他们将在10天的窗口内分5次使用这段时间。除了人马座A*和M87之外，他们还必须观测另外10个类星体和黑洞，这是几十位科学家的共同愿望。文森特·菲什列出了这个观测清单，考虑到地球自转、太阳位置、目标源在天空中的位置、不同望远镜指向源的速度，以及看似无尽的其他变量的限制，并将其分成四个"观测轨道"，每一轮观测都大约是100分钟长的扫描序列。观测轨道的安排写在房间后面的黑板上：

EDT（美东时间）

轨道 A #4	19：25-> 11：18
轨道 B #2	20：46-> 12：14
轨道 C #3	00：01-> 16：42
轨道 D #1	18：31-> 13：07

首先开始的是轨道D的观测，它不包括主要目标——获得人马座A*和M87图像的最好机会——所以它不是任何人的最爱。"我

看着这张日程表，想知道为什么？"谢普说。现在重新考虑轨道安排已经太晚了。他们必须要开始观测了。问题是今晚是否观测。在智利、亚利桑那州和西班牙，天空晴朗宁静。夏威夷的天气也是非同寻常的好。最大的变数是墨西哥和南极的大气和技术条件。这两个地方的强风都有可能将大型毫米波望远镜和南极点望远镜的大型发射镜面变成主帆，从而影响观测精度。LMT的天气预报说马上要下雪。而且昨晚，SPT就有些问题，很难看到那些容易看到的源。望远镜可能只需要重新启动，如果是这样的话，观测开始时它就可以正常运行了。但如果重启不起作用，冬季工作人员将不得不处理一长串故障排除清单，而且不知道这需要多长时间。幸运的是，今晚SPT是最不必要的望远镜。当晚的主要目标M87在北半球，所以SPT，因为处在这个世界的底端，无论如何都看不到它。真正令人担忧的是，SPT明天以及接下来的日子可能仍处于离线状态。

费亚尔·奥泽尔说："丹说不要等南极点望远镜了。"她和迪米特里奥斯·普萨尔蒂斯不得不搬到波士顿去，准备休假一年，待在黑洞研究计划那里；迪米特里奥斯现在坐在会议室桌子她的对面，担任EHT的项目科学家。

谢普说："坦率地说，我更担心LMT。"不知道什么原因，LMT的脉泽频率好像不对。

"脉泽噪声的功率谱是多少？"迈克尔·约翰逊问道。

"它接近1除以f的平方，然后它有一些变化。"谢普说。他站

　　　　　　　　　　　　　　黑洞之影

起来，走到南墙的一块黑板前，写下了几个方程式。然后，他和吉姆·莫兰——谢普早期的导师之一，在谢普首次出现在海斯塔克天文台门前之后的25年，因为他的学生来之不易的实验，他出现在现场——看了看谢普笔记本电脑上的一些结果图。他们认为这个问题可以忽略不计。他们必须要修好它，但不是今天。

谢普收到了戈帕尔发来的短信，并把它读给大家听。"戈帕尔说，我测量了相位噪声，乔。'最高危机级别'——我认为他在这里发号施令。"

来自墨西哥的信号是模糊的，但它们有来自大多数其他望远镜的可靠信息。他们决定更新白板。费亚尔走向它，揭开了一个干擦记号笔的盖子，迪米特里奥斯从其他望远镜上读取了最新信息——APEX，技术上准备好了，天气很好；SMA，准备好了；LMT，天气看起来很好，刮风，但可能在极限之内，他们说。

"有没有脉泽问题？"费亚尔问道。

"我们现在不打算处理任何事情。"谢普说。

如果他们不担心LMT的脉泽，那么决定取决于天气。谢普想看一张水汽图，所以他们在大监视器上调出了一个卫星信号。屏幕上出现了席卷墨西哥的云团的延时图像。"LMT在我看来不错。"他说。接下来，他要求看美国西南部的卫星水汽图。他担心亚利桑那州格雷厄姆山SMT的天气。美国国家海洋和大气局的卫星图像显示，云层在全州范围内涂抹。然而，他在笔记本电脑上调出的当地天气预报称，格雷厄姆山应该是晴朗而狂风的。"我不知道我能否相信那个水汽图。"谢普说。

他们围着桌子辩论当晚的决定。他们过去常常想知道如何在四大洲的8个望远镜上同时获得好天气，但今晚的条件好得令人怀疑。这只是观测窗口的第一个晚上，所以他们总是可以等待和希望事情变得更好。但等待会有风险。墨西哥的天气可能会变得更糟。另外，不管怎么说，没有人对他们今晚要进行的观测感到那么兴奋。而在这之后，人马座A*升起来之后，赌注也变得更高，大家也越发兴奋。谢普说："触发第一个晚上的观测只是为了灾难前的事情，这是有道理的。"

费亚尔说："从技术上讲，除了南极以外，所有的望远镜都是可行的。""结果是，SPT可能不能参加今晚的观测。而且SMT和LMT那边的天气可能会有一点不好。"

文森特说："我觉得这是个好天气。"

在又重复了几分钟之后，他们达成了一项不言而喻的共识。

谢普说："我认为我们应该观测。让我们记下来，就这样做吧。"他一边大声说着，一边将全部观测的信息输入在线聊天服务Slack频道，这是他们当晚的主要沟通渠道："对于4月5日的决定：选择VLBI观测……这不是演练。"

"别那么说。"费亚尔说。

两个半小时后，指挥中心的人群已经变得稀少了。外面漆黑一片，下着雨，里面又明亮又安静。随着日程开始的临近，谢普和杰森·索霍回到了会议桌前。杰森说："再过20秒我们就要开始了。"

谢普转向杰森。"从五开始倒数。"

"真的吗？"

"当然，"谢普说，"我想听到它被读出来。"

"好的，"杰森说，"五、四、三、二、一。好了，数据应该开始被记录了。"

东部夏令时下午6点31分，事件视界望远镜首次将其虚拟镜头对准了实际的科学目标。首先关注的是OJ287，35亿光年外的一对超大质量黑洞。这两个黑洞中较大的一个是迄今发现的最大的黑洞之一，质量达到了180亿个太阳。

他们在Slack上使用的频道变得谨慎而兴奋：

下午6：43。林迪·布莱克本：LMT正在记录数据，参数SCAN_CHECKS正常，白天仍在调整设备，所以没有观测信号源。

晚上7：41。多尔曼：我们看到IRAM、APEX、SMT报告运行正常。当其他站点有机会时，请确认时间表已经开始执行[JCMT、SMA除外，它们在世界时（UT）1点之前不会启动]。

晚上8：10。托马斯·克里奇鲍姆：IRAM进展顺利。

晚上8：50。杰夫·克鲁：到目前为止，ALMA已经观测了所有需要扫描的天体。

晚上8：50。多尔曼：XLN！

晚上8：56。乔诺：SMA已经准备好了，但OJ287在扫描开始时刚刚低于海拔限制。τ值为0.07，相稳定性极佳……运气总是眷顾准备充分的人。

9：19。雷莫：抱歉，JCMT已经对准源，并如预期地在按照计划进行观测。

几个小时过去了。乔纳森·温特鲁布负责夏威夷的行动，事情非常顺利和平静，他让职员在黑尔波哈库（Hale Pohaku）大本营的SMA远程控制室结束了夜晚的工作。

凌晨12：04。乔诺：SMA团队将搬到黑尔波哈库大本营，并在那里与操作员米里亚姆轮班监测观测。如果有东西坏了，只需20分钟的车程。到目前为止，一切都很顺利，简直令人难以置信。

当太阳从西班牙升起时，最东边的站点也算晚上观测结束了。

凌晨12：38。法尔克：除了中间的一些（最后发现是小的）计算机问题，一切都很顺利。我们将在半小时后结束。

凌晨1：19。戈帕尔：IRAM一切顺利！

剑桥时间早上5点前，有人提到今天是丹·马龙的生日，南极的冬季工作人员也加入了对话，而此前他们一直保持沉默。

凌晨4：58。丹·马龙：你好，谢谢。这不是我观测人马座A*时候的第一个生日。然而其他所有的生日都在莫纳克亚山上。

凌晨5：00。SPT丹尼尔：应该在南极过冬一次。

凌晨5：01。戈帕尔：哇，SPT说话了！嗨，丹尼尔，SPT那边好吗？

凌晨5：04。SPT丹尼尔：我们花了5天不眠之夜，竭尽全力挑战墨菲定律。现在我们正在慢慢地转换到工作良好的就绪/ck/系统，直到墨菲再次出击。他最后一次击球是在60分钟前。满怀希望！

早上6点59分，丹·马龙传达了一条消息，南极23节的大风可能会在那里造成麻烦——他解释说，"SPT是一艘笨重的大帆船"。但更大的消息是，南极点望远镜正在运行。重启起作用了。

与此同时，LMT正经历着一个新的问题：望远镜在扫描过程中一直颤抖着然后停了下来。这些"紧急停止（e-stop）"是对提供给望远镜的功率下降的紧急反应。每次紧急停止后，他们都会重新启动望远镜，并完成整晚的工作，但他们必须在明天的观测运行之前找到问题的根源。

一夜的观测通常在夜晚结束时结束。然而，轨道D包括"日间天体源"，所以他们一直观测到接近中午……这大约是在谢普和指挥中心的其他工作人员重新召集的时候。

到了剑桥时间第二天下午2点，他们又回到了那里。今天大家的兴致更高了，因为接下来的轨道观测包括人马座A*的第一次的真正观测。当每个人都在指挥中心安顿下来后，讨论转向了墨西哥的情况。再一次，那里的问题既有技术上的——他们必须找到预防这些"紧急停止"的方法—— 也有天气上的：天气预报说下午会有雨或者雷雨。在山顶上，雨或者雷雨意味着天线上会有冰。如果天线被冰覆盖，他们将不得不停止观测，直到第二天早上——太阳会融化冰。

黑色免提电话里传来一个声音。"嗨，伙计们，我是LMT的林迪。"他刚刚睡醒。

　　"情况是这样，"谢普说，"各地的天气看起来都很好。我们很想考虑开始观测，但一切都取决于LMT。第一个大问题是紧急停止。如果这在运行过程中导致麻烦的话，我们就不能开始。因此，我们需要了解一下到底发生了什么，而不是'有人正在解决它'。或者说某人必须叫醒某人，或者打电话给某人，或者督促某人，或者其他什么事情，但是我们需要比我们目前掌握的更多的信息。"

　　林迪说："等我们晚些时候找到大卫后，我会和他谈的。""早些时候，我们在较慢的回转模式下移动，有一些紧急停止，但没有那么多。"

　　"好的，那么这里的决策树（decision tree）是什么，有哪些选项？"谢普说，"即使当你慢慢旋转的时候，也会有一些紧急停止，似乎早上时间才是问题所在。也许是整个墨西哥人刚醒来，或者是白天的工作人员在使用电动工具。但是谁能弄清楚这件事呢？"

　　"我认为戈帕尔把它留给了望远镜工程方面的卡马尔。"

　　谢普拿起他的iPhone，打电话给卡马尔，他把手机调到扬声器模式，放在桌子上。卡马尔解释说，紧急停止发生在输入功率降至380伏以下时。这是随机发生的，但当白天的工作人员出现时，情况更是如此。他认为，由于某种原因，变电站没有提供足够的电压。他将紧急停止的阈值降低到了370伏，在今天早上进行的所有测试中，他都没有超过这个水平。他还要求现场负责人关掉"所有其他能耗电的东西——地下室的加热器和其他实验"。

"卡马尔，我是指挥中心的费亚尔。我们一直在谈论减少转动的次数。这会有帮助吗？"

卡马尔说，跟踪和转动之间的差异只有15伏左右，这对电压下降的贡献很小，所以减少转动的频率也无济于事。有帮助的是关掉所有不必要的设备。"例如，厨房里有一个电暖气。"卡马尔说。

"所以，卡马尔，"谢普说，"这听起来像是，如果我们把LMT的人们冻僵，让他们痛苦不堪，我们就可以继续进行实验。"

"不，我不是说我们必须冻僵他们，"卡马尔说，"我认为改变联锁阈值（interlock threshold）会有所帮助。"

大卫·桑切斯从LMT大本营打来电话。"我现在更关心的是天气，而不是任何连锁问题，"他说，"我们的天气正在迅速恶化。"

"大卫，你能告诉我们更多关于天气的情况吗？"谢普问道。"在雷达地图上我们看到是晴朗的，但另一个网站说有阵雪，所以很难判断。""另一个网站"是戈帕尔当天早些时候发来的一个登山网站，谢普认为这个网站比搜索"地下天气（Weather Underground）"网站预测的墨西哥Atzitzintla天气情况更靠谱一些。"你对结冰、下雪或者其他的最好的猜测是什么？"

大卫说："我估计晚上一开始就有百分之五十的可能性会出现恶劣的天气。""这会在一开始的时候阻止加入观测，但我们可能后来会加人，除非望远镜表面结冰。"

"表面结冰的可能性有多大？"谢普问道。

"我估计百分之五十。"大卫说。

卡马尔挂掉了电话，戈帕尔和亚历克斯·波普斯特凡尼亚拨了进来。

"戈帕尔和同事们，对于紧急停止，我们已经从卡马尔那里得到了保障，"谢普说，"现在我们要处理的是天气问题。"

"我能告诉你的是，我们一直在看天气预报，"戈帕尔说，"网页显示瑟丹有阵雪和雷雨。但我们不能判断这对我们的观测现场有无影响。"

"我们知道LMT的天气通常会在当天晚些时候好转，"迪米特里奥斯说。"我们知道未来几天天气会恶化。"如果他们放弃今晚的人马座A*的观测，他们会赌几天后的天气，夏威夷、亚利桑那州、智利、西班牙和南极的天气至少会和今晚一样好，墨西哥的天气也会放晴。他们将会很不安地发现时间已经接近观察窗口的尽头。如果他们打赌输了，他们可能会完全错失机会。

文森特是通过网络摄像头加入谈话的。"有一种方法可以对半评估，"他从一个壁挂式屏幕上说，"一台非常科学的设备。"他举着25美分的硬币对着摄像机。

"我的建议是，观测，"大卫说——去做，"我不想取消这个夜晚的观测，仅仅因为LMT有可能出现恶劣天气。"

"更糟糕的是，"谢普开玩笑说，"我要说它被取消了，因为大卫说有50%的可能性是坏天气。我要把它贴在网站上。"

下午4点05分，也就是决定截止时间超过5分钟后，他们仍在苦苦挣扎。大卫·桑切斯将在剑桥时间下午6点前向他们通报最新天气情况。但他们不能再等两个小时再打电话，因为其他望远镜的人需要知道发生了什么——在再次通宵之前，他们是应该试着多睡一会儿，还是应该让其他天文学家进行观测。一个很大的担忧是浪费ALMA的时间。如果他们决定观测了，而墨西哥的天气变坏，他们是否浪费了射电天文学中最宝贵的资源ALMA上的一整夜时间？或者他们能把时间还给ALMA，以后再用吗？基于ALMA长期以来的强硬行为，几乎没有理由认为他们会灵活处理此事。谢普打电话给智利，还是问了一下。他收到了一个巨大而令人愉快的惊喜：ALMA的时间是灵活的。现在，这个决定很容易做出。

谢普说："所以，记下来，就让它去做吧。"

下午4点40分，他把当晚的指示输入Slack，边写边大声读了出来。

UT时间4月6日的决定是执行VLBI观测，时间表是e17b06版本10……注：时间表开始时间为UT 4月6日00:46。这不是演习。

"你昨晚就是这么说的，"费亚尔说。

* * *

头三天他们观测运行得太狠了，到了第四天的时候，谢普就面临着兵变了。每天，墨西哥的预报喜忧参半，但每晚，即使在缺少全能摩西的情况下，天气也会突然反转，乌云都会散去。到了第四天的时候，谢普还像一贯的赌徒一样。然而，望远镜的工作人员感觉就像是地狱周第四天的海豹突击队新兵，当他们意识到谢普正在考虑安排另一个连续的晚上进行观测时，他们直接就说，"不"。

　　当观测在4月11日上午结束时，他们已经记录了超过65个小时的数据。他们整个星期都很走运。他们没有遭受灾难性的失败。当他们将包含观测收获的1024个8TB硬盘运往海斯塔克天文台和马克斯·普朗克射电天文学研究所分别做相关分析时，这些硬盘都处在完好无损的状态。相关分析的操作员深入噪声中寻找信号，根据原子钟的漂移、地球的摆动和望远镜位置的微小不确定性进行调整。他们把抽象的数学空间叠加在一起，寻找相关性。一个接一个地，他们就找到了它们。不到一个月，他们就得到了相干条纹。每一根条纹看起来都完好无损。因为他们不想带来虚假的希望或鼓励投机，合作者们宣誓保密。

　　当谢普可以适当地休假时，也就是在观测结束的4个月后，他们知道，在很大程度上，一切都已经正常了。但他们还有几个月的校准工作要做。谢普很少想到，嘿，我们可能已经收获了天文学史上最伟大的成就之一！日常琐事——相关分析、校准、研究画图、纠正错误、申请基金，当然还有为下一年的观测做准备——这些事情还从未间断，而且太熟悉了，以至于没能让人有一种胜利感。另外，无论是他还是其他参与人员还都不知道他们得到了什么。他们看到了什么？他们能向世界展示什么呢？

* * *

8月的一个星期一早上，谢普让自己暂时不去想这些事情，然而，他对大雾感到倍有压力。他和家人已经回到俄勒冈州度假两周。如果一切顺利，今天将很重要。

他们站在林肯市（Lincoln City）的海滩上，等待自1979年以来第一次日全食在美国发生。当时谢普、莱恩和内尔斯把房车开到了华盛顿州的戈尔登代尔。到达时，月亮已经开始遮挡了部分太阳，透过雾和日食防护眼镜去看，景象并不是那么壮观——一轮模糊的橙色月牙。然而，在日全食的那一刻，情况发生了变化。这个不用感谢天气之神，因为雾没有变化，但图像看似烧透了。

沙滩变暗了。人们欢呼着，尖叫着。谢普、艾丽莎和孩子们摘下日食眼镜，目不转睛地盯着一个被火环包围着的黑色圆圈。在光环周围，星火喷射到太空中。红色的火球从表面冒出来。就像那天海滩上的其他所有人一样，谢普拿出iPhone，对准天空，拍下了一张照片。

后记

在日食发生的几周之后，谢普打电话给他的医生，询问每分钟35次的脉搏是否值得担心。很快，急诊室医生就把电极粘在他的胸口上。他们让他在医院住了一周，进行了检查，没有找到明显的高血压原因，高血压已经抑制了他的心率搏动，使心跳变得缓慢。像任何优秀的科学家一样，谢普对推断因果关系持谨慎态度。他承认，在过去的五年里，他经历了很大的压力。的确，有时他睡得不多。但是谁能说是压力导致了这次紧急医疗情况呢？谢普会指出他已经50岁了——不再是个孩子了。他会说，这种事总会发生。因此，他出院了，与此同时停止吃盐，回到当年早些时候他们收集到的大量数据中去寻找黑洞的阴影。

自春季末，4月观测的第一批硬盘运抵美国波士顿和德国波恩进行相关分析以来，天文学家们一直小心翼翼地逐步处理数据。他们设计了一个很长的、规范的、仔细处理的过程，里面包含有检查点和安全处理措施，以确保他们绝对不会搞砸。

每个设备都有它的不完美之处。第一步是找到事件视界望远镜的缺点。他们通过相关器运行来自望远镜的原始数据，直到他们对虚拟望远镜的能力有了很好的了解，并找到了它的反常之处。然后校准和误差分析工作组接手，对大家熟知的类星体的观测进行分析。接下来是评审讨论会，天文学家们将花几天时间在会上研究数据中的小的奇异之处，然后制定出一份仍然需要解决事情的清单。再接下来他们会把所有的数据送回相关器再运行一次。

通过这个过程，他们了解到，在观测过程中，很多事情都是正确的，也有相当多的事情出了问题。有时，记录设备会在扫描过程中停止记录。有时，一种偏振的一点光会"泄漏"到另一种偏振的数据当中去。然而，在大多数时候，他们都发现他们自己可以纠正这些错误。这一切都是正常的、常见的科学问题，只是需要时间去解决而已。

到了年底，所有人都能肯定的是，这个实验成功了——这不是一个小成就——但他们仍然不知道自己看到了什么。他们仍然还没有对人马座A*和M87的数据进行交叉相关分析。他们还在完善数据处理软件。而且，毕竟他们还没有得到所有的数据：南极点望远镜的工作人员要到11月才能运送他们的数据包出来。当南极洲夏天来临的时候，南极点望远镜的工作人员把春季观测中的硬盘从存储设备里拿出来，放进一个木箱里，装上军用飞机，然后经过长途旅行后把它们送到相干设备所在地。2017年12月13日，一辆联邦快递的卡车把这个木箱送到了海斯塔克天文台。天文学家们将一半的黑色矩形硬盘模块和2017年观测的其余数据包一起放在相关器房间的架子上，并将另一半运往德国波恩，在马克斯·普朗克射电天文学研究所进行相干分析。然后，相干器的工程师开始将它们包含的数据与其他7台望远镜收集的数据相叠加。

到2018年初的时候，天文学家们就开始争论一些相互竞争事件的优先级了。一方面，他们当时还在完善数据分析程序；南极的数据仍然没有完全相关，还有一些奇怪的校准问题需要解决。与此同时，他们还必须为定于2018年4月进行的下一次观测做准备，届时他们将把所有地点的带宽翻一番，并增加新的望远镜，包括在格陵兰岛建立一个新的观测站。他们为哪个事情优先而争论了起来。更重要的是：在2018年将部署一个更大、更强的地球大小的望远镜，还是完成他们前一年开始的工作？根本没有足够的人来做所有需要做的事情。他们并不是唯一想知道2017年数据中有什么的人。为实验买单的研究所和资助机构正在向谢普施压，想尽早看到结果。就如何宣布结果他们已经制订了初步计划，但这还为时过早。2018年2月，天文学家们做出了一个痛苦的决定，暂时停止对2017年的数据进行分析，休息足够长的时间来准备2018年的观测运行。

因此，他们再一次像候鸟一样，一年一度地前往他们望远镜的所在地。这一次，他们发现了另一个意外情况——除了技术问题和天气之外的另一个不可预测的变量——他们在未来必须牢记的是：匪徒。4月23日，星期一，LMT大型毫米波望远镜的夜班工作人员在从大本营驱车前往山顶时，两辆没有标志的卡车拦截了他们盘问，每辆卡车上都装载着五名武装人员。LMT以前从未发生过这样的事情，但该地区现在是警察和帮派间发生冲突的地方，匪徒当时正在从该地区贯穿全国的管道中窃取天然气。武装人员最终让天文学家通过，没有人受伤，但这起事件被认为是一个重大的安全威胁。大卫·休斯把所有人都送回了瑟丹或普埃布拉。谢普将LMT从其余的观测运行中移出，从而使得事件视界望远镜上留下了一个空缺，几乎可以肯定，在2019年获得另一次机会之前[1]，2017年的第一次大型观测仍然是他们看到黑洞阴影的最好机会。

2018年6月5日，天文学家们向负责制作图像的四个工作组正式发布了最终校准后的人马座A*和M87数据。为了避免毒害彼此的大脑——这样就没有人会意外地促使另外一组人看到数据中并不存在的黑洞阴影——这些小组彼此都在独立和保密的情况下工作，使用不同的算法和技术制作图像，努力证明任何看起来太尖锐、太干净、太有可能是一厢情愿的产品是虚假的。

在成像团队最终得到了一张明确真实的图片之后，在天文学家们认真思考了它的含义之后，在他们的结果通过了同行评议的科学期刊的审查之后，世界将知道天文学家们看到了什么。他们可能会遇到谢普所说的"上帝之鼻"的场景（nose-of-God scenario），

---

[1] 2019年和2020年都没有观测。

在这个场景中，人马座A*或M87阴影的清晰无误的图像很容易并且会迅速地成为焦点。其他实验也有过这样的好运气。2015年，当LIGO引力波天文台的科学家开始分析他们首次探测到的数据时，他们立即震惊地发现了两个遥远的恒星级质量黑洞并合时产生的标志性的时空涟漪。当然，可能性的另一端就是失败：他们什么也看不见。

纯粹的失败似乎极不可能。望远镜的确工作了，它看到了一些东西。问题是，看到了什么？是模型预测的具有艺术感的新月形状吗？是不是乱成一团？还是介于两者之间的东西呢？我们现在知道，有了数百万美元和几百人的联合意志力，人类可以构建一个机器网络，能够看到最好的自然理论预测的宇宙最近的主要出口门。但是这些理论是正确的吗？

在期待事件视界望远镜的结果的同时，一大批科学论文发表了，表明决定阴影图像究竟能够告诉我们什么可能是过程繁重且结果富有争议的。2018年4月，《自然·天文学》(Nature Astronomy)杂志发表了一篇由黑洞相机团队三人组海诺·法尔克、迈克尔·克莱默和卢西亚诺·雷佐拉等科学家撰写的论文。在将克尔黑洞的模拟图像与使用另一种引力理论创造的奇异黑洞进行比较后，他们得出结论："可能极难区分来自不同引力理论的黑洞，从而强调了，在将黑洞图像解读为广义相对论的测试时需要非常谨慎。"几个月后，四名法国科学家在《经典与量子引力》(Classical and Quantum Gravity)杂志上撰文认为，在EHT看来，一个假设没有视界面甚至可能是虫洞的"非奇异"黑洞看起来很像克尔黑洞的阴影——当然，后者正是所有主流理论预测的人马座A*的真实情况。爱因斯坦预测的、大家期待已久的黑洞阴影的清晰照片是不是还不能完全排除人马座A*实际上是一个像虫洞一样奇怪东西的可能性呢？

因此，即使是银河系中心黑洞阴影的新鲜、灼热的图像也不会结束这个故事。图像和所有相关的数据将会从不同的角度被挑剔和攻击。根据其他最近的实验和理论进展，它可能会被重新进行解释。虽然这幅图像能够告诉我们什么，没有人能够立马达成一致。但是，如果它能够产生，在当它产生的时候，它的到来可能会标志着一个新时代的开始——幸运的是，在这个新的时代里，人们将会在漫长而令人费解的探索中获得新的动力，从而理解那些时空终结的黑暗地方究竟发生了什么事情。

致谢

　　我感谢事件视界望远镜团队的科学家们在过去的6年里对我坐在一旁、悄记笔记的存在表现出孩子般的宽容，也感谢他们从未聘请过公关人员，让我有机会与他们直接沟通。感谢事件视界望远镜团队的科学家们，谢普·多尔曼（Shep Doeleman）、艾丽莎·魏茨曼（Elissa Weitzman）、莱恩·科尼亚克（Lane Koniak）、内尔斯·多尔曼（Nels Doeleman）、乔纳森·温特鲁布（Jonathan Weintroub）、罗比·辛格尔（Robbie Singal）、鲁里克·普里米亚尼（Rurik Primiani）、劳拉·维尔塔尔施奇（Laura Vertatschitsch）、迈克尔·约翰逊（Michael Johnson）、艾伦·罗杰斯（Alan Rogers）、吉姆·莫兰（Jim Moran）、科林·朗斯代尔（Colin Lonsdale）、迈克·赫克特（Mike Hecht）、文森特·菲什（Vincent Fish）、杰森·秀虎（Jason SooHoo）、迈克·蒂图斯（Mike Titus）、陆汝森（Rusen Lu）、露西·苏瑞斯（Lucy Zuryis）、迪米特里奥斯·帕尔提斯（Dimitrios Psaltis）、费亚尔·奥泽尔（Feryal Ozel）、杰夫·鲍尔（Geoff Bower）、丹·马龙（Dan Marrone）、金俊汉（Junhan Kim）、艾弗里·布罗德里克（Avery Broderick）、海诺·法尔克（Heino Falcke）、雷莫·提拉努斯（Remo Tilanus）、托马斯·克里奇鲍姆（Thomas Krichbaum）、艾伦·罗伊（Alan Roy）、福尔维奥·梅利亚（Fulvio Melia）、大卫·休斯（David Hughes）、戈帕尔·纳拉亚南（Gopal Narayanan）、大卫·桑切斯（David Sánchez）、乔纳森·莱昂-塔瓦雷斯（Jonathan León-Tavares）、吉塞拉·奥尔蒂斯（Gisela Ortiz）、皮埃尔·考克斯（Pierre Cox）、杰夫·克鲁（Geoff Crew）、林恩·马修斯（Lynn Matthews）、凯蒂·布曼（Katie Bouman）、林迪·布莱克本（Lindy Blackburn）、安德鲁·查尔（Andrew Chael）、塞拉·马尔科夫（Sera Markoff）、阿维·勒布（Avi Loeb）、安德里亚·盖兹（Andrea Ghez）、达里尔·哈加德（Daryl Haggard）、弗雷德·巴格诺夫（Fred Baganoff）、肯·凯勒曼（Ken Kellermann）、罗恩·埃克斯（Ron Ekers）、米勒·戈斯（Miller Goss）、布鲁斯·巴里克（Bruce Balick）、史蒂夫·吉丁斯（Steve Giddings）、安德鲁·斯特罗明格（Andrew Strominger）、亚历克斯·卢普萨斯卡（Aley Lupsasca）、詹娜·莱文（Janna Levin）、普里亚姆瓦达·纳塔拉扬（Priyamvada Natarajan）、和一些我肯定忘记了名字的其他人。

感谢拉里·维斯曼（Larry Weissman）和萨沙·阿尔珀（Sascha Alper）的专业代理，感谢Ecco出版社的希拉里·雷德蒙（Hilary Redmon）和丹·哈尔彭（Dan Halpern）在2013年给予这个项目出版的机会，尽管当时事件视界望远镜还远未确定。感谢出版社的丹尼斯·奥斯瓦尔德（Denise Oswald）热情地承担了这个项目，感谢艾玛·雅纳斯基(Emma Janaskie)一直以来的帮助。

我感谢我在两家杂志的那些同事：在《大众科学》杂志的日子，当时这个项目才刚刚开始，感谢马克·扬诺（Mark Jannot）、卢克·米切尔（Luke Mitchell）、杰克·沃德（Jake Ward）和克里夫·兰瑟姆（Cliff Ransom）；在《科学美国人》的时候，感谢玛丽特·迪克里斯蒂娜（Mariette DiChristina）、弗雷德·古特尔（Fred Guterl）、柯蒂斯·布雷纳德（Curtis Brainard）、克里斯蒂·凯勒（Christi Keller）、迈克尔·姆拉克（Michael Mrak）、迈克尔·莱蒙尼克（Michael Lemonick）、迪恩·维瑟（Dean Visser）、李·比林斯（Lee Billings）、克拉拉·莫斯科维茨（Clara Moskowitz）、凯特·王（Kate Wong）、珍·施瓦茨（Jen Schwartz）、迈克尔·莫耶（Michael Moyer）、罗宾·劳埃德（Robin Lloyd）、我感谢丹·鲍姆（Dan Baum）适时地给了一场关于叙事性非虚构类作品的优点的讲座，他所说的叙事性非虚构作品是从靠近的第三人称角度来叙述，按照时间顺序组织故事框架。

阿尔弗雷德·P.斯隆基金会（Alfred P. Sloan Foundation）的慷慨资助使得这本书能够完成。感谢斯隆基金会的多伦·韦伯（Doron Weber）和伊莱扎·弗兰奇（Eliza French）的远见和支持。斯隆基金使我能够招募到三位才华横溢的记者来帮助完成最后的细节工作。马特·马奥尼（Matt Mahoney）对这本书的大部分内容进行了事实核查，如果还有错误那都是我的。安德里亚·马克斯（Andrea Marks）帮助调研并且汇总了正文之外的内容，并给处在几个不同阶段的手稿提出了重要的修改建议。凯蒂·皮克(Katie Peek)是一位天体物理学家，后来成为记者和艺术家，她为这本书绘制了漂亮的地图和图表。我也需要感谢凯蒂和乔什·皮克(Josh Peek)，他们在2012年1月前后告诉了我事件视界望远镜项目的存在。克里斯蒂安·德比尼代蒂(Christian Debenedetti)、阿贝·斯特里普(Abe Streep)、约翰·吉尔布雷思（John Gilbreth）、乔什·迪恩（Josh Dean）、加布·谢尔曼(Gabe Sherman)、詹·斯塔尔(Jen Stahl)、阿德里安·科恩（Adrianne Cohen）、凯瑟琳·普莱斯（Catherine Price）、安德鲁·布鲁姆（Andrew Blum）和丽莎·席林格（Liesl Schillinger）多年来都提供了建议和精神支持。杰米(Jamie)和米歇尔·霍夫(Michelle Hough)、艾伦·加里森(Ellen Garrison)以及我的母亲安·班克斯(Ann Banks)帮忙照看孩子，当旅行日程变得复杂，最后期限变得紧迫时，好多没有预料到的事情也需要他们帮忙处理。

我衷心感谢我的妻子利（Leigh）和我们的女儿西尔维娅(Sylvia)的耐心和支持。我在西尔维娅4个月大的时候开始了这个项目。现在她已经有1.2米了。西尔维娅，感谢你容忍了你那心烦意乱、疲惫不堪的爸爸。这本书献给你。

注释

虽然我从叙述中抽身，但我目睹了这本书中描述的许多事件，特别是那些发生在 2012 年或以后的事件，我用标准的新闻方法重建了我没有目睹的场景——通过采访参与其中的人，并查阅已公布的描述、文字记录、天气记录、照片、视频和地图。

第一章

1　对 1979 年日食的描述是基于对谢普·多尔曼和他的家人的采访、当时的新闻报道、天气记录以及事件的照片和视频。

第二章

1　对爱丁顿的背景和 1919 年日食考察之前发生的事件的描述在很大程度上依赖于马修·斯坦利 (Matthew Stanley) 的著作，他的著作是《治愈战争创伤的远征：1919 年的日食与作为贵格会冒险家的爱丁顿》，伊希斯出版社，第 94 期，第 1 期 (2003)。

2　阿尔伯特·爱因斯坦，《爱因斯坦全集》，第九卷柏林时期：通信，1919 年 1 月—1920 年 4 月。

3　"A.S. 爱丁顿致莎拉·安·爱丁顿和维尼弗雷德·爱丁顿的信：马德拉和普林西比的日食"，亚瑟·爱丁顿爵士的论文，雅努斯，Trinity/

eddn/A4，第317页，https://janus.lib.cam.ac.uk/db/node.xsp?id=EAD/
GBR/0016/EDDN/A4.

4　F. W. Dyson, A. S. Eddington, and C. Davidson, "A Determination
　　of the Deflection of Light by the Sun's Gravitational Field, from
　　Observations Made at the Total Eclipse of May 29, 1919," Philosophical
　　Transactions of the Royal Society of London A 220 (January 1, 1920).

5　参见Stanley，2003。

6　in The ABC of Relativity: Bertrand Russell, The ABC of Relativity
　　(London: K. Paul, Trench, Trubner, 1931), p. 24.

7　Albert Einstein, "Zur Elektrodynamik bewegter Körper," Annalen der
　　Physik 322 (10): 891–921, and The Principle of Relativity: Original
　　Papers by A. Einstein and H. Minkowski, University of Calcutta, 1920,
　　pp. 30–63, http://ebook.lib.hku.hk/CADAL/B31400541/.

8　你可以在一个飞机机舱里装满关于狭义相对论和广义相对论的书籍
　　和文章，我主要参照罗素、爱丁顿，以及埃德温·F.泰勒(Edwin
　　F.Taylor)和约翰·阿奇博尔德·惠勒(John Archibald Wheeler)编写的
　　本科水平的教科书《探索黑洞》。

9　赫尔曼·闵可夫斯基(Hermann Minkowski)，"Raum and Zeit"，Physicalische
　　Zeitschrift第10期(1909年)。

10　Arthur Stanley Eddington, Space, Time and Gravitation: An Outline of the
　　General Relativity Theory (Cambridge: Cambridge University Press, 1920).

11　沃尔特·艾萨克森的《爱因斯坦传记》是这段广为人知的轶事的最好
　　来源：Walter Isaacson, Einstein: His Life and His Universe (New York:
　　Simon & Schuster, 2008), p. 145.

12　引用《探索黑洞》一书中的一句话。

13 Near the end of his magnum opus: Philosophiae Naturalis Principia Mathematica. Isaac Newton, 1642–1727, Principia.

English: Sir Isaac Newton's Mathematical Principles of Natural Philosophy and His System of the World, translated into English by Andrew Motte in 1729.

The translations revised, and supplied with a historical and explanatory appendix, by Florian Cajori (Berkeley, California: University of California Press, 1934), pp. 371–372.

14 约翰·惠勒等著《约翰·惠勒自传》, 湖南科学技术出版社。

15 这可能是一个很好的地方来处理关于爱丁顿的实验偏袒爱因斯坦的指控, 简而言之：他可能没有。参见斯坦利, 2003。

16 赫尔曼·外尔,《空间, 时间, 物质》Translated from the German by Henry L. Brose.(London: Metheun & Co. Ltd., 1922), p. iii.

第三章

1 Alan R. Whitney, Colin J. Lonsdale, and Vincent L. Fish, "Insights into the Universe: Astronomy with Haystack's Radio Telescope," Lincoln Laboratory Journal 21, no. 1 (2014).

2 同上。

3 同上。

第四章

1 Jeffrey Crelinsten, Einsteins' Jury: The Race to Test Relativity (Princeton, NJ: Princeton University Press, 2006).

2 See Arthur I. Miller, Empire of the Stars: Obsession, Friendship, and Betrayal in the Quest for Black Holes (Boston: Houghton Mifflin, 2005).

3   J. R. Oppenheimer and H. Snyder, "On Continued Gravitational Contraction," Physical Review 56 (1939).

4   Stephen Hawking and W. Israel, Three Hundred Years of Gravitation (Cambridge and New York: Cambridge University Press, 1987).

5   《时代》封面：1966年3月11日。

6   See Israel, "Dark Stars: The Evolution of an Idea," in Hawking and Israel, Three Hundred Years of Gravitation, p. 245.

7   基普·索恩著《黑洞与时间弯曲》，湖南科学技术出版社。

8   Israel, "Dark Stars," p. 259.

9   惠勒给了他们：惠勒将"黑洞"这个名字的提出归功于一名观众，但他接受了这一术语，并被广泛认为是这个词的创造者。

10 Andrew Hamilton, "A Black Hole Is a Waterfall of Space," http://jila.colorado.edu/~ajsh/insidebh/waterfall.html, retrieved February 21, 2018.

11 David Finkelstein, "Past-Future.Asymmetry of the Gravitational Field of a Point Particle," Physical Review 110, no. 4 (1958).

12 Fulvio Melia, Cracking the Einstein Code: Relativity and the Birth of Black Hole Physics (Chicago: University of Chicago Press, 2009), p. 76.

13 Roger Penrose, "Gravitational Collapse: The Role of General Relativity," Nuovo Cimento Rivista Serie 1 (1969).

14 彭罗斯过程已经被更复杂的模型所取代，但基本情况仍然存在。

15 从技术上讲，正如贝肯斯坦所写的那样，"黑洞熵等于黑洞面积与普朗克长度的平方之比乘以秩序统一的无量纲常数"。
    See Jacob D. Bekenstein, "Black Holes and Entropy," Physical Review D 7, no. 8 (1973): 2333–2346.

16 S. W. Hawking, "Black Hole Explosions?," Nature 248 (1974).

17 Leonard Susskind, The Black Hole War: My Battle with Stephen Hawking to Make the World Safe for Quantum Mechanics (New York: Little, Brown and Co, 2008), chapter 9, iBooks.

18 J. Preskill and D. V. Nanopoulos, "Do Black Holes Destroy Information?," in Black Holes, Membranes, Wormholes and Superstrings, Proceedings of the International Symposium, Houston, TX, January 16–18, 1992, edited by Sunny Kalara and D. V. Nanopoulos (Singapore: World Scientific, 1993), p. 22.

19 Thorne, Black Holes and Time Warps, pp. 309–319.

20 发布在 Rush 主页上的 Neil Peart 的歌词，https://www.rush.com/songs/cygnus-x-1-book-one-the-voyage/，2018年2月21日检索。

21 这篇报道引用了对林登–贝尔和罗恩·埃克斯的采访。参见 Donald Lynden-Bell, "Searching for Insight," Annual Review of Astronomy and Astrophysics 48 (2010); D. Lynden-Bell, "Galactic Nuclei as Collapsed Old Quasars," Nature 223 (1969); and D. Lynden-Bell and M. J. Rees, "On Quasars, Dust and the Galactic Centre," Monthly Notices of the Royal Astronomical Society 152 (1971).

22 R. D. Ekers and D. Lynden-Bell, "High Resolution Observations of the Galactic Center at 5 Ghz," Astrophysical Letters 9 (1971).

23 B. Balick and R. L. Brown, "Intense Sub-Arcsecond Structure in the Galactic Center," Astrophysical Journal 194 (1974).
    有关更详细的历史，请参阅 W.M.Goss, Robert L.Brown 和 K.Y.Lo, "Sgr A* 的发现", "Astronomische Nachrichten 补编"第 324 页 (2003)。

第五章

1. R. Genzel and C. H. Townes, "Physical Conditions, Dynamics, and Mass Distribution in the Center of the Galaxy," Annual Review of Astronomy and Astrophysics 25 (1987).

2. See R. H. Sanders, "The Case Against a Massive Black Hole at the Galactic Centre," Nature 359 (1992).

3. 见基普·索恩著《黑洞与时间弯曲》，湖南科学技术出版社。更长的关于央斯基和雷伯故事的复述。

4. W. A. Imbriale, "Introduction to 'Electrical Disturbances Apparently of Extraterrestrial Origin," Proceedings of the IEEE 86, no. 7 (1998).

5. Karl G. Jansky, "Electrical Disturbances Apparently of Extraterrestrial Origin," Proceedings of the IRE 21, no. 10 (October 1993): 1387–1398, reprinted in 1998 by IEEE and available at https://www.ieee.org/documents/jansky.pdf.

6. 基普·索恩著《黑洞与时间弯曲》，湖南科学技术出版社。

7. K. I. Kellermann and J. M. Moran, "The Development of High-Resolution Imaging in Radio Astronomy," Annual Review of Astronomy and Astrophysics 39 (2001).

8. 对于这段VLBI发展的简短历史，我主要参照吉姆·莫兰(Jim Moran)和肯·凯勒曼(Ken Kellermann)的文章和采访。见 Kellermann and Moran, "The Development of High-Resolution Imaging in Radio Astronomy," and Kellerman's article "Intercontinental Radio Astronomy," Scientific American, February 1972.

9. Malcolm Longair, "A Brief History of Radio Astronomy in Cambridge,"

University of Cambridge, https://www.astro.phy.cam.ac.uk/about/ history, accessed February 21, 2018.

10 Kellermann and Moran, "The Development of High-Resolution Imaging in Radio Astronomy."

11 同上。

12 H. P. Lovecraft, The Complete Fiction of H. P. Lovecraft (London: Chartwell Books, 2016).

第六章

1 Reinhard Genzel and Andreas Eckart, "The Galactic Center Black Hole," and "Mid-Infrared Imaging of the Central Parsec with Keck, Angela Cotera et al.," Central Parsecs of the Galaxy, ASP Conference Series, vol.

2 可以在 Anton Zensation 和 Heino Falcke 中找到这一讨论的文字记录，"VLBI 能限制 SGR A* 的大小和结构吗？"
Zensus, J. A. and Falcke, H "The Central Parsecs of the Galaxy," ASP Conference Series, vol.186, edited by Heino Falcke, Angela Cotera, Wolfgang J. Duschi, Fulvio Melia, and Marcia J. Rieke et al., 1999, p. 118.

3 James Bardeen, "Timelike and Null Geodesics in the Kerr Metric," in Black Holes, edited by C. DeWitt and B. S. DeWitt (New York: Gordon and Breach, 1973), p. 215.

4 J. P. Luminet, "Image of a Spherical Black Hole with Thin Accretion Disk," Astronomy and Astrophysics 75, no. 1–2 (May 1979): 228–235.

5 In Les Chimères, Paris, 1854.Translation by Jean-Pierre Luminet.

6 　为了避免冗长的、令人分心的、最终不必要的关于人马座 A*质量估计的变化以及对其阴影预期大小的影响的离题，在这一段中，我对阴影大小的早期估计和后来的估计进行了折中。

　不过，郑重声明，当海诺·法尔克等人 2000 年写的阴影论文，对人马座 A*质量的最佳估计是 260 万倍的太阳质量，这将产生大约 30 微弧秒的阴影，在 1 毫米的波长下很难看清。

　在几年内，对人马座 A*的质量估计被提升到 400 万太阳质量，对这一阴影的期望也相应增加。

7 　Heino Falcke, Fulvio Melia, and Eric Agol, "Viewing the Shadow of the Black Hole at the Galactic Center," Astrophysical Journal Letters 528, L13 (2000).

8 　"First Image of a Black Hole's 'Shadow' May Be Possible Soon," Max Planck Institut für Radioastronomie press release, January 17, 1999.

第七章

1 　Erik Stokstad, "Into the Lair of the Beast." Science 287, no. 5450 (2000): 65–67.

2 　Richard Stenger, "New Telescope as Big as Earth Itself," CNN.com, October 2, 2002, http://www.cnn.com/2002/TECH/space/10/02/radio.telescope/index.html, retrieved February 21, 2018.

3 　Geoffrey C. Bower et al., "Detection of the Intrinsic Size of Sagittarius A* Through Closure Amplitude Imaging," Science 304 (2004).

4 　所涉及的能量的微弱是建立在射电天文学家测量通量密度的单位扬斯基（Jy）之上的，粗略地说，扬斯基是从宇宙源到达望远镜的能量的量。在一个扬斯基中测量的每单位望远镜的功率是

0.000000000000000000000000000001 瓦。

5   Zhi-Qiang Shen, K. Y. Lo, M. C. Liang, Paul T. P. Ho, and J. H. Zhao. "A Size of 1au for the Radio Source Sgr A* at the Centre of the Milky Way." Nature 438 (November 01, 2005): 62–64.

6   "Astronomers Say They Are on the Verge of Seeing a Black Hole," Dennis Overbye, The New York Times, November 2, 2005, https://www. nytimes.com/2005/11/02/science/astronomers-say-they-are-on-the-verge-of-seeing-a-black-hole.html.

7   Ramesh Narayan et al., "Advection-Dominated Accretion Model of Sagittarius A*: Evidence for a Black Hole at the Galactic Center," Astrophysical Journal 492, no. 2 (1998).

8   Avery E. Broderick and Abraham Loeb, "Imaging Bright-Spots in the Accretion Flow Near the Black Hole Horizon of Sgr A*," Monthly Notices of the Royal Astronomical Society 363 (2005).

9   Udías Augustín, Searching the Heavens and the Earth: The History of Jesuit Observatories (Dordrecht: Kluwer Academic, 2003).

第八章

1   Sheperd S. Doeleman et al., "Event-Horizon-Scale Structure in the Supermassive Black Hole Candidate at the Galactic Centre," Nature 455 (2008).

第九章

1   Sheperd Doeleman et al., "Imaging an Event Horizon: submm-VLBI of a Super Massive Black Hole," in astro2010: The Astronomy and

Astrophysics Decadal Survey (2009).

第十章

1　"它们很可能保持在大致相同的轨道上"——事情可能会走另一条路。天文学家们估计，距今四千万至五十亿年后的某个时候，水星的轨道可能会被拉长，以至于它将与金星的轨道交叉，这种可能性为1%~2%。这种交叉将使内太阳系陷入混乱，可能会让地球撞上火星，在这种情况下，其中一名天文学家告诉《新科学人》杂志，"所有的生命都会立即灭绝，地球会以一颗红巨星的温度发光大约1000年"。

2　N. I. Shakura and R. A. Sunyaev, "Black Holes in Binary Systems. Observational Appearance," Astronomy and Astrophysics 24 (1973).

3　Steven A. Balbus and John F. Hawley, "A Powerful Local Shear Instability in Weakly Magnetized Disks.I-Linear Analysis.Ii-Nonlinear Evolution," Astrophysical Journal 376 (1991).

第十一章

1　"NWO-Spinoza Prize for Heino Falcke, Patti Valkenburg and Erik Verlinde," June 6, 2011, https://www.nwo.nl/en/news-and-events/news/2011/NWO-Spinoza+Prize+for+Heino+Falcke,+Patti+Valkenburg+and+Erik+Verlinde.html, retrieved February 21, 2018.

2　"ERC Synergy Grant to Image Event Horizon of Black Hole," Radboud University press release, December 17, 2013, http://www.ru.nl/english/@928308/pagina/, retrieved February 20, 2018.

第十三章

1　"Giant Mexican Telescope Launched," BBC.com, November 23, 2006, http://news.bbc.co.uk/2/hi/science/nature/6175446.stm, retrieved February 21, 2018.

2 Juan Cervantes, "Calderón y Moreno Valle supervisan operaciones del telescopio milimétrico," Sobre-T.com, September 21, 2012, https://www.sobre-t.com/calderon-y-moreno-valle-supervisan-operaciones-del-telescopio-milimetrico/, retrieved February 21, 2018.

3 氢脉泽将一束氢原子推入相同的"超精细"状态，因此它们会相干地发出同样稀有的光—电磁辐射，波长为21厘米，频率为1420兆赫，或每秒14.2亿次振荡。电路放大这种纯粹的、聚焦的超精细发射，并用它来控制石英振荡器的输出。当腔体中的氢和石英振荡器和谐地嗡嗡作响时，脉泽被"锁相"。如果随着时间的推移，它们漂移开，微波激射器就会给石英振荡器施加一个校正电压。

第十五章

1 David A. Lowe et al., "Black Hole Complementarity Versus Locality," Physical Review D 52, no. 12 (1995).

2 George Johnson, "What a Physicist Finds Obscene," New York Times, February 16, 1997.

3 Jenny Hogan, "Hawking Concedes Black Hole Bet," New Scientist, July 21, 2004.

4 Ahmed Almheiri et al., "Black Holes: Complementarity or Firewalls?," Journal of High Energy Physics 2 (2013).

5 Joseph Polchinski, "Rings of Fire," Scientific American, April 2015.

6 Dennis Overbye, "A Black Hole Mystery Wrapped in a Firewall Paradox," New York Times, August 12, 2013.

7 S. W. Hawking, "Information Preservation and Weather Forecasting for Black Holes," submitted to arXiv.org January 22, 2014, https://arxiv.org/abs/1401.5761.

8 Andy Borowitz, "Stephen Hawking's Blunder on Black Holes Shows Danger of Listening to Scientists, Says Bachmann," New Yorker, January 27, 2014, https://www.newyorker.com/humor/borowitz-report/stephen-hawkings-blunder-on-black-holes-shows-danger-of-listening-to-scientists-says-bachmann, retrieved February 21, 2018.

9 乔治·马瑟的著作《远处的幽灵行动》有助于理解难以捉摸的地方性概念。

10 Steven B. Giddings, "Black Holes and Massive Remnants," Physical Review D 46 (1992).

11 Stephen B. Giddings, "Possible Observational Windows for Quantum Effects from Black Holes," Physical Review D 90 (2014).

第十六章

1 "ALMA Pinpoints Pluto to Help Guide NASA's New Horizons Spacecraft," National Radio Astronomy Observatory press release, August 5, 2014, https://public.nrao.edu/news/alma-pluto/, retrieved February 21, 2018.

第十七章

1 Dennis Overbye, "Space Ripples Reveal Big Bang's Smoking Gun," New York Times, March 17, 2014.

2 "Stanford Professor Andrei Linde Celebrates Physics Breakthrough,"

Stanford University, March 17, 2014, https://www.youtube.com/watch?v=ZlfIVEy_YOA, retrieved February 21, 2018.

3　Adrian Cho, Science, May 12, 2014, http://www.sciencemag.org/news/2014/05/blockbuster-big-bang-result-may-fizzle-rumor-suggests, retrieved February 21, 2018.

4　Dennis Overbye, "Criticism of Study Detecting Ripples from Big Bang Continues to Expand," New York Times, September 22, 2014.

5　Frédo Durand, William T. Freeman, and Michael Rubinstein, "Video Microscope Reveals Movement in 'Stock-Still'Objects," Scientific American, January 2015.

6　Abe Davis et al., "The Visual Microphone: Passive Recovery of Sound from Video," SIGGRAPH 2014, http://people.csail.mit.edu/mrub/VisualMic/, retrieved February 21, 2018.

第二十三章

1　丘成桐等著《大宇之形》。

2　Stephen W. Hawking, Malcolm J. Perry, and Andrew Strominger, "Soft Hair on Black Holes," submitted to arXiv.org January 5, 2016, https://arxiv.org/abs/1601.00921, retrieved February 21, 2018.

3　Samuel E. Gralla, Alexandru Lupsasca, and Andrew. Strominger, "Near-horizon Kerr Magnetosphere," Arxiv.com, submitted February 4, 2016, last revised May 24, 2016, https://arXiv.org/abs/1602.01833, retrieved February 21, 2018.

术语表

基线（Baseline）：超长基线干涉仪阵中一对天线之间的距离。

黑洞（Black hole）：任何进入的物体都无法逃脱的空间区域。

黑洞互补性（Black-hole complementarity）：将波粒二象性和全息原理应用于黑洞的一种理论，其结论是，在观测者看来，落入黑洞的人会在视界面上留下一个弥散的斑点，因此，信息可以从黑洞中提取出来。

黑洞信息悖论（Black-hole information paradox）：理论物理中一个由来已久的问题，其原因是预测黑洞最终会蒸发，破坏所有关于其内容的信息。量子力学的规则严格禁止信息的破坏，因此有了麻烦。

弯曲时空（Curved spacetime）：在爱因斯坦的广义相对论中，物质（相当于能量）扭曲或"弯曲"时空。物体通过弯曲时空的路径时创造了我们所体验到的引力。

事件视界（Event horizon）：黑洞的边界，物质和光都无法从里面逃脱。

火墙论据（Firewall argument）：已故的约瑟夫·波尔钦斯基 (Joseph Polchinski)领导的一群理论物理学家在2012年提出的论点 认为黑洞视界面实际上并不是空的空间——它是时空戏剧性断裂 的地点，会烧毁击中它的一切事物。

框架拖曳(Frame-dragging)：旋转黑洞会用它来拉动自己周围 时空的一种过程。

条纹（Fringes）：在超长基线干涉测量观测中，两个天线间常 常检测的现象。

引力波（Gravitational waves）：由于黑洞并合和其他暴力事件 所产生的时空涟漪。

全息原理（Holographic principle）：所有关于黑洞内容的信息 都存储在视界外表面上的理论。

干涉（Interferometry）：在射电天文学中，用两个或多个地理 上遥远的望远镜进行观测，并将收集到的数据组合成单一主输出 的一种方法。

长度收缩(Length contraction)：在相对论中，在外部观测者看 来，以接近光速运动的物体会在运动方向收缩的现象。

度规（Metric）：在给定的时空几何中测量事件之间间隔的数 学公式。

摩尔定律（Moore's law）：戈登·摩尔（Gordon Moore）在1965 年做出的预测，即集成电路上的元件数量在接下来的两年里每年 都会翻一番，就像前十年一样。他后来修正了自己的预测，称集成电路的密度将每两年翻一番。

无毛定理（No-hair theorem）：被广泛接受但从未被证明的观点，即黑洞没有瑕疵——没有"毛发"——可以完全由它们的质量、角动量和电荷来表征。

量子纠缠（Quantum entanglement）：两个粒子的量子态变得密不可分的现象，即使这两个粒子相隔很远的距离也是如此。

量子力学（Quantum mechanics）：在亚原子水平上描述自然的物理理论。

类星体（Quasar）：准恒星射电源的简称。最初被称为射电恒星。

射电天文学（Radio astronomy）：天文学的一个分支，其从业者通过收集电磁光谱的长波"射电"部分的光来研究天体。

射电星系（Radio galaxies）：射电天文学家在第二次世界大战后发现的，这些巨大的射电能量产生自天空的一些区域，在光学波段看起来空无一物。

爱因斯坦的广义相对论（Relativity, Einstein's general theory of）：阿尔伯特·爱因斯坦的引力理论，它将宇宙视为四维时空连续体，将引力视为时空的几何或曲率。

相对论原理（Relativity, principle of）：要求物理定律在所有惯性参照系中采用相同的形式。

人马座 A*（Sagittarius A*）：银河系中心的超大质量黑洞。

奇点（Singularity）：未定义的点，相当于被零除。在黑洞中心的奇点，已知的物理定律在此处均失效。

时空(Spacetime)：由三个空间坐标和一个时间坐标组成的数学连续体。

亚毫米波长(Submillimeter wavelengths)：射电光子的最高频率。介于微波和红外线之间的一段光谱。

τ（Tau）：射电天文学家使用的一个比值，用于测量大气对星光的不透明度。

时间膨胀(Time dilation)：在相对论中，在接近光速的速度和强引力场中时所表现出来的时间减慢的现象。

甚长基线干涉测量(VLBI)：天文学家们用两个或多个地理距离较远的射电望远镜同时观测，然后将收集到的数据组合成单一的主输出的一种方法。

图书在版编目（CIP）数据

黑洞之影 / （美）赛斯·弗莱彻著；赵雪杉　冯叶　苟利军译 . —长沙：
湖南科学技术出版社，2023.10
书名原文：Einstein＇s Shadow
ISBN 978-7-5710-1290-8

Ⅰ . ①黑… 　Ⅱ . ①赛… ②赵… 　Ⅲ . ①黑洞—普及读物 　Ⅳ . ① P145.8-49

中国版本图书馆 CIP 数据核字（2021）第 237642 号

湖南科学技术出版社独家获得本书简体中文版出版发行权
著作权合同登记号：18-2019-146

HEIDONG ZHI YING
黑洞之影

著者
［美］赛斯·弗莱彻
译者
赵雪杉 冯叶 苟利军
出版人
潘晓山
策划编辑
吴炜 李蓓 孙桂均
责任编辑
吴炜 李蓓
出版发行
湖南科学技术出版社
社址
长沙市芙蓉中路一段 416 号
泊富国际金融中心
网址
http://www.hnstp.com
湖南科学技术出版社
天猫旗舰店网址
http://hnkjcbs.tmall.com

印刷
长沙鸿和印务有限公司
厂址
长沙市望城区普瑞西路858号
邮编
410200
版次
2023 年 10 月第 1 版
印次
2023 年 10 月第 1 次印刷
开本
880mm×1230mm　1/32
印张
10.125
字数
193 千字
书号
ISBN 978-7-5710-1290-8
定价
78.00 元